化学与社会生活

景崤壁　吴林韬　著

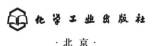

化学工业出版社

·北京·

《化学与社会生活》从化学与厨房、化学与家庭环境、化学与日用品、化学与生活常识以及化学与食品健康5个专题入手，涉及58个生活切入点，以科普的形式和通俗的文字描述来介绍社会生活中无所不在的化学，解密生活中化学现象的真实面貌，期望为21世纪终身学习的人提供一本以化学的视角看待社会生活中一系列问题的读本，为读者提供一个科学（化学）的思维方式。

《化学与社会生活》可作为大众科普类作品供不同知识层次的读者参考使用，也可作为高等学校大学生本科通识课教材使用。

图书在版编目（CIP）数据

化学与社会生活/景崤壁，吴林韬著. —北京：
化学工业出版社，2019.12（2025.2重印）
ISBN 978-7-122-35697-0

Ⅰ. ①化… Ⅱ. ①景… ②吴… Ⅲ. ①化学-关系-社会生活-普及读物 Ⅳ. ①O6-05

中国版本图书馆CIP数据核字（2019）第241852号

责任编辑：褚红喜 装帧设计：关 飞
责任校对：宋 夏

出版发行：化学工业出版社（北京市东城区青年湖南街13号 邮政编码100011）
印　　装：涿州市殷润文化传播有限公司
880mm×1230mm 1/32 印张8¼ 字数200千字 2025年2月北京第1版第5次印刷

购书咨询：010-64518888 售后服务：010-64518899
网　　址：http://www.cip.com.cn
凡购买本书，如有缺损质量问题，本社销售中心负责调换。

定　　价：49.80元

前言

党的十八大指出我们的教育方针是"坚持教育为社会主义现代化建设服务、为人民服务，把立德、树人作为教育的根本任务，全面实施素质教育，培养德智体美全面发展的社会主义建设者和接班人，努力办好人民满意的教育"。因此，如何科学全面实施素质教育是我们都需要思考和探讨的教育问题，而培养学生核心素养逐渐成为落实党的十八大教育方针的有力抓手。如何提升全社会人群的科学素养需要每一个人都学会终身学习，而终身学习是21世纪人的通行证（国际21世纪教育委员会语）。因此，从化学角度为终身学习的人提供一本化学科普读物是本书撰写的第一目的。

2018年教育部印发《关于加快建设高水平本科教育、全面提高人才培养能力的意见》，在这个意见指导下，本书作者希望同时能给高校中非化学专业的学生提供一本适合阅读的科普读物。也同时希望为非化学专业的"化学与社会生活"课程提供一本可选择的教材。毕竟化学与社会生活息息相关，因此为非化学大学生提供科学读物和为大学"化学与社会生活"课程提供教材是本书撰写的第二目的。

本书尽量以通俗的文字描述社会生活中的化学问题，因此，元素符号、化学反应方程式以及化学专业图表等都未在书中出现，为了弥补这一缺陷，本书请扬州大学化学化工学院师范1702班吴阳同学为每一节内容绘制了相应的漫画以表明相应的主题和立场。总之，希望无论是在校大学生、参与终身学习的人群或喜欢化学的中学生都能在本书中获取喜欢和想要获得的化学知识。

　　本书编写过程中参考了大量的文献，在此，对被引用文献的作者表示谢意，同时本书的出版也得到了扬州大学出版基金的资助，感谢扬州大学各领导与同事的大力支持。由于作者水平有限，恳请读者对本书中的疏漏和不足提出批评意见。

景峥壁

2019年9月

目录

第一章　化学与厨房 / 1

第二章　化学与家庭环境 / 85

第三章　化学与日用品 / 115

第四章　化学与生活常识 / 193

第五章　化学与食品健康 / 227

第一章

化学与厨房

水

净化消毒

水是由氢元素和氧元素化合而成的一种常见物质，无论"水"字前面的定语是什么，其主要组成都是水分子。水分子是非常稳定的常见物质，无法在人体内分解为氧气和氢气。面对种类繁多的各类带有定语的水，我们应该思考哪些问题呢？

1．自然界中绝大多数的水需要净化后才能饮用

水是自然界中广泛存在的一种常见物质，江河湖泊和土壤地表的水受到日照等因素蒸发到空气中形成水蒸气，水蒸气在高空冷凝后形成小水滴或者小冰晶，因此，水蒸气可以以雨或者雪的形式重新回到地面形成地表水，一部分地表水通过汇集形成江河，另一部分地表水渗透到土壤中形成地下水。无论是江河水

还是地下水，因其接触了土壤而溶解了部分可溶性物质，因此包括泉水在内的肉眼看到的清澈透明的天然水中都含有一定量的盐类等化学物质。家庭用的自来水绝大多数取自于江河湖泊和地表水，其中除了含有一定量的盐分之外，因人类生活污水混入等因素导致其菌群和部分污染物超标，因此自来水公司的主要作用就是将天然水净化为适合人类使用的"干净"水。但是，局限于水的来源和净化方式，不同地区自来水中盐类物质的含量有所不同，但是都能达到国家饮用水标准，饮用加热沸腾后的自来水对人体无害。在自来水加热煮沸的过程中，可以最大限度地除去自来水公司净化水时加入的氯气，同时水中的钙、镁等离子会在水的沸腾过程中形成水垢而降低水的硬度。部分地区家用热水壶和暖水瓶在使用一段时间后需要去除内胆壁上的水垢，这个水垢主要就是自来水中钙镁离子的不溶性盐的沉淀。因此，自然界中绝大多数的水需要净化和加热煮沸后才适合人类饮用。需要说明的是，中华人民共和国食品安全国家标准中的《生活饮用卫生标准》（GB 5749—2006）中规定总硬度（以$CaCO_3$计）不超过450 mg/L，因此自来水在煮沸前就已经达到该标准，煮沸后的水中钙镁离子的含量大大低于该值。

虽然自来水是人体补充钙镁离子的一种重要渠道，但是含有大量钙镁离子的硬度比较高的水会对人的正常生活造成一定的影响，具体表现在：①过量被人体吸收的钙镁离子需要通过肾脏排出体外，如果因个人习惯喝水较少时，有诱发尿路结石的风险。②钙镁离子遇到肥皂和洗衣粉等物质时会生成不易溶的沉淀，从而降低洗涤效果。③茶水中对人体友好的茶多酚和氨基酸遇到钙镁离子后会生成络合物，从而降低人体对这类物质的吸收，因此，富含钙镁离子的硬水泡茶后除了口感偏差之外，饮茶的功效也大打折扣。④硬水也会对人的皮肤和发质等具有一定的刺激和破坏作用。综上所述，地表水的净化处理以达到适合人类饮用和使用是必需的过程。

2．饮用水只要符合国家标准都适合饮用

普通的水在经过蒸馏后得到的是蒸馏水，因为一些难挥发物质（各类金属盐类）的去除导致蒸馏水中基本不含金属离子，因此，当水的纯度越高时，人体通过喝水途径补充必需微量元素的渠道就会被关闭。世界卫生组织确认的28种人体所需要的微量元素（铁、铜、锌、钴、锰、铬、硒、碘、镍、氟、钼、钒、锡、硅、锶、硼、铷、砷等）中绝大多数在水中都能检测到，因此喝水除了对人体补充水分本身以外还具有补充人体必需微量元素的作用，但是经过蒸馏的纯净水则丧失了绝大多数人体必需微量元素。市售的纯净水是通过电渗析器、离子交换器或反渗透的方法得到的离子含量较低的水，也有部分市售的纯净水是通过蒸馏方式得到的，其中各类离子的含量接近于蒸馏水。因此很多人会觉得长时间以纯净水替代自来水可能会造成人体微量元素的缺失，其实人体对微量元素的获得除了通过补水这个渠道之外主要是通过食物获取的，水中的微量元素的含量远远低于各类食物中的含量。例如香蕉中的钾和铁等微量元素的含量都远远高于自来水中的含量，因此生活中长时间选用纯净水代替自来水作为饮用水并不会造成人体微量元素的缺乏，其实在西方部分发达国家喝纯净水的历史已有几十年的时间了，没有证据表明该地区生活的人的体内缺乏微量元素。因此只要水符合国家饮用标准，不存在好坏之分，一定程度上饮水仅仅是补充水分的作用，寄希望于通过饮水补充人体需要的营养物质是既不实际也不科学的。

3．正确理解各种饮品的作用和功能

根据中华人民共和国国家标准GB/T 10789—2015《饮料通则》中的定义：饮料即饮品，是经过包装的，供直接饮用或

按照一定比例用水冲调或泡饮用的，乙醇含量不超过0.5%的制品。包括包装饮用水、果蔬汁类及其饮料、蛋白饮料、碳酸饮料、特殊用途饮料、风味饮料、茶饮、咖啡饮、植物饮、固体饮料和其他饮料等十一种。鉴于碳酸饮料中都添加有糖，因此我们可以将十一种饮料大概分为含糖型传统软饮料、含糖型碳酸饮料和不添加糖类饮料（无糖饮料）三类。糖类虽然是人体不可或缺的能量来源物质之一，但是人体每天摄入过多的糖的危害已经被广泛研究，有研究表明青少年通过能量饮料摄入过多能量的危害主要表现在头痛、紧张、焦虑、失眠、狂躁、精神失常、脱水、胃肠不适、面色潮红、多尿、抽搐、中风、戒断症状、龋齿、心律失常、心跳加速甚至死亡，具体到糖摄入过量对心血管等疾病发生的相关性在医学界已经毋庸置疑。

碳酸饮料对于人体的危害主要表现在对于牙齿和骨骼的破坏作用。例如国外的一项研究表明，每天喝碳酸饮料的青年在运动中发生骨折的概率比不饮碳酸饮料的青年高5倍之多。另外有研究表明碳酸饮料具有潜在的致癌性。

不添加糖类饮料（无糖饮料）的主要代表是果（蔬）汁类饮料。果（蔬）汁在制作果（蔬）汁类饮料过程中，为了保鲜、增加口感和防止沉淀等，国家标准允许添加一定的添加剂。哈尔滨食品药品检验检测中心曾对市场上常见果蔬汁中的安赛蜜、苯甲酸、山梨酸、糖精钠和阿斯巴甜5种添加剂进行了检测，结果并未与《食品安全国家标准　食品添加剂使用标准》中的使用量和使用范围相违背；北京第五中学的朱胤宁曾经对市场上常见果蔬汁类饮料中的添加剂进行统计，总共发现国家标准允许添加的添加剂约有20种。因此每个人在选择果蔬类饮料作为补充维生素等果蔬营养物质时需要考虑这些添加剂对人体的潜在影响，毕竟添加剂并不是人类必需的营养物质，其在体内的代谢产物及本身都需要通过肝脏代谢或者肾脏排出体外，这个过程本身就增加了肝脏和肾脏的负担。

总之，水是人类不可或缺的重要生产和生活物资，人喝水就是补充体内水分的过程，需要强调的是，世界卫生组织（WHO）下属的国际癌症研究机构（IARC）发布报告，将饮用高温热饮的习惯列为"致癌可能性较高"的因素，饮用65℃以上的水、咖啡、茶等热饮可能增加食道癌的发病风险。

参考文献

[1]郭浩飞，乔木，魏小渊，等. 人体微量元素及检测技术在临床应用的研究[J]，世界最新医学信息文摘，2019，19（5），148～149.

[2]李颖. 喝纯净水会缺钙? 真相竟然是……[J]，中国质量万里行，2017，10，92～93.

[3]李娟，彭彩霞. 铁-铝试剂分光光度法测定香蕉中的铁含量[J]，绵阳师范学院学报，2013，5，32～36.

[4]宋子昂. 羽毛球训练中运动饮料选用的初步分析[D]，北京体育大学硕士论文，2016.

[5]胡春梅，何华敏. 能量饮料对青少年身心健康危害[J]，中国公共卫生，2017，33（12），1788～1791.

[6]范志红. 警惕碳酸饮料的危害[J]，少年儿童研究，2005，7，54～55.

[7]王跃. 高效液相色谱法检测果蔬汁中五种添加剂[J]，食品安全导刊，2018，2，74～74.

[8]朱胤宁. 75种常见饮料食品添加剂的调查研究[J]，首都食品与医药，2019,1(下)，166～167.

食用油

　　食用油中最主要的物质是油脂，这些油脂含有大量的脂肪。脂肪是人类赖以生存的六大营养物质（糖类、蛋白质、脂肪、无机盐及微量元素、维生素和水）之一，因此食用油是家庭生活中不可或缺的必需品之一。绝大部分人在选购食用油时仅仅会从食用油的原料（花生、玉米、大豆以及调和油等）和生产方式（压榨和浸取）角度选择购买食用油，从科学的角度，家庭选择食用油时需要思考哪些问题呢？食用油在烹饪过程中又需要注意哪些问题呢？

1. 为什么人体需要摄入食用油

　　人体每天除了维持生命所有器官所需要的最低能量需要（称

为基础代谢）之外，还需要为肌肉运动和精神活动等行为提供能量，人体的能量来源绝大多数都是通过食物提供的。食物中的碳水化合物、脂肪和蛋白质经体内氧化可以释放能量，被称为是"产能营养素"或"热源质"。

油脂在人体内代谢可以生成各类脂肪酸，人体多种必需脂肪酸只能从油脂中获取，脂肪酸的缺乏将严重影响人体的正常生理代谢。例如在人体内由食用油代谢的 $\omega-3$ 多不饱和脂肪酸和 $\omega-6$ 多不饱和脂肪酸可以调控机体的免疫功能，降低血压和胆固醇，降低心脑血管疾病的风险，减少关节疼痛和减缓骨质疏松，以及促进婴幼儿神经发育等。这两种脂肪酸在人体内都无法自主合成，必须通过食物补充。

油脂因为其不溶于水的特性而成了若干脂溶性营养成分吸收和传递的介质。例如维生素A、D、E、K都是脂溶性维生素，而这类维生素必须溶解在油脂中才能被人体更好地吸收，膳食中油脂的缺乏也将会影响此类营养物质的吸收。

总之，人体食用一定量的食用油所起的作用有三点：提供热量；维持正常生理功能；帮助其他营养物质的吸收和传递。

2．食用油的原料

常见的食用油多为植物性油脂，传统上我国的食用性植物油的来源主要是菜籽、花生、大豆、葵花籽、胡麻和芝麻等。近些年来，一些新型经济作物类食用油也逐渐走上了餐桌。理论上可食用的富含油脂的植物种子都可以成为制备食用性植物油的原料，因此，在超市中我们经常看到橄榄油、山茶油、葡萄籽油、核桃油和芥花籽油等可供选择的食用油类。此外，不同原料生产的食用油内含有的非脂类营养物质的量是不同的。例如茶油中含有其他的大部分油脂中所没有的茶多酚和山茶苷，研究表明，这些物质能够有效改善心脑血管疾病并能调节胆固醇、血糖和血脂等；菜籽油中含有一定量的芥酸和芥子苷，部分研究表明菜籽油中的芥酸可能影响菜籽油在体内的消化，引起心肌损伤，增加肾上腺组织中胆固醇含量，引起脂肪在心脏组织中的积累。当然，这并不能说明山茶油就比菜籽油好，油脂并不是药物。在人体正常摄入量内，不同来源的油脂对人体的作用具有较大的统计学差异。微量有益的物质可通过人体摄入不同种类食物进行补充。

动物油也可以作为食用油的来源，常见的动物油为牛油、羊油和猪油等。动物油中饱和脂肪酸酯的含量一般比植物油中含量高。以猪油为例，不饱和脂肪酸酯和饱和脂肪酸酯的含量基本相当，而花生油中不饱和脂肪酸酯的含量是饱和脂肪酸酯的4倍。因为饱和脂肪酸酯的熔点比不饱和脂肪酸酯的高，因此在常温下动物油为固体而植物油为液体。动物油的相关问题我们将在奶油一节中详细讨论，本节中主要讨论植物性食用油。

3．食用油的生产方式

传统上食用油的提取方法有压榨法和溶剂浸出法。压榨法是对精选的油料进行特定的蒸炒后经压榨得到食用油的方法。油料不经过蒸炒直接压榨的方法称为冷压法。冷压法制得的油脂水分和蛋白质的含量都偏高，出油率也不高。而油料经过蒸炒之后压榨出来的食用油水分含量少，但具有一定的异味，颜色也较深。压榨法整体上出油率不高，因此经过压榨后的油饼用化学溶剂（6号轻汽油）浸泡，油饼中的油脂溶解到化学溶剂中后再蒸除溶剂即可得到浸出油，这种提取方法叫溶剂浸出法。在浸取过程中使用的6号轻汽油的主要成分为正己烷和环己烷，这两种物质对人体几乎无毒害作用。根据国家标准，浸出油的溶剂残留应小于50mg/kg。在国家标准范围内，两种方式生产的食用油没有优劣之分。

4．食用油中的可能毒害物质

玉米、豆类和花生等油源性物质在储存过程中受到黄曲霉菌感染后会产生黄曲霉素，黄曲霉素B1被WHO国际癌症研究机构列为1A类致癌物。除了生产食用油的原料霉变能够产生黄曲霉素之外，食用油在储存和运输过程中也容易感染黄曲霉菌，因此在土榨食用油过程中较易产生超标的黄曲霉素B1，曾有研究表明，散装食用油中黄曲霉素B1含量明显高于定型包装产品。

苯并［a］芘是目前已知的20多种致癌多环芳烃中最具有代表性的致癌物之一。因苯并［a］芘的疏水性结构导致其在食用油中极易溶解，因此空气中的工业废气苯并［a］芘比较容易向油脂中转移，同时油脂中长链脂肪酸的结构在加热时极易氧化脱氢生成苯并［a］芘类物质。Sagredos曾报道，工业所排放废弃物中的多环芳香烃引起的大气污染导致压榨植物油中的苯并［a］芘含量高达60μg/kg。Dennis等证实，在油菜籽的炒制过程会使菜籽油中的苯并［a］芘含量由1.4μg/kg增加到20.2μg/kg。我国GB 2762—2017《食品安全国家标准　食品中污染物限量》规定食用油中苯并［a］芘含量不得高于10μg/kg，而欧盟208、2005号文件规定食用油中苯并［a］芘的最大限量为2μg/kg。

5．食用油的烹饪方式

研究表明，油炸温度越高，苯并［a］芘的生成量越大；油温固定时，烹饪时间越长苯并［a］芘的生成量越大，因此食用油的绿色烹饪方式是较低温度和较短时间。邓瑜曾对中小学周围流动摊贩煎炸食品中的苯并［a］芘的含量进行了HPLC检测，结果表明绝大部分样品中的苯并［a］芘含量都超过10μg/kg。

总之，我们在选择食用油时要全面考虑，且在家庭厨房中使用食用油时尽可能低温短时间。

参考文献

[1] 董妮珊, 宋岳祥, 陆俊杰, 等. ω-3多不饱和脂肪酸对脓毒症患者免疫功能的影响 [J], 中外医学研究, 2019, 17 (9), 50 ~ 51.

[2] 王婷. 食用油消费常识与发展策略 [J], 中国高新科技, 2019, 39, 40 ~ 41.

[3] 王志伟, 张自阳, 林丽婷, 等. Artificial miRNA 调控甘蓝型油菜芥酸的研究 [J], 核农学报, 2019, 33 (1), 24 ~ 30.

[4] 嘉丹. 山茶油与橄榄油各"油"所长 [J], 中国林业产业, 2019, 34 ~ 35.

[5] 王博远, 陈夏威, 岑应健, 等. 2015—2018年中山市食用油、油脂及其制品监督抽检结果分析及空间分布规律 [J], 食品安全质量检测学报, 2019, 10 (4), 1093 ~ 1099.

[6] Sagredos, A.; Sinha-Roy, D.; Thomas, A. On the Occurrence, Determination and Composition of Polycyclic Aromatic Hydrocarbons in Crude Oils and Fats [J]. *Fat Sci Tec*, 1988, 90:76 ~ 81.

[7] Dennis, M. J.; Masset, R. C.; Cripps, G.; et al. Factors Affecting the Polycyclic Aromatic Hydrocarbon Content if Cereals, Fat and Other Food Products [J], *Food Addit Contam*, 1991, 8 (4) : 517 ~ 530.

[8] 李进伟, 王兴国, 金青哲. 食用油中苯并 [a] 芘的来源、检测和控制 [J]. 中国油脂, 2011, 36 (6), 7 ~ 11.

[9] 邓瑜. HPLC检测中小学周围流动摊贩食品中苯并 [a] 芘的含量 [J]. 食品安全导刊, 2017, 5, 131 ~ 133.

奶油

　　根据奶油的食品安全国家标准，稀奶油、奶油和无水奶油（GB 19646—2010）的定义：稀奶油是以乳为原料，分离出的含脂肪的部分，添加或不添加其他原料、食品添加剂和营养强化剂，经加工制成的脂肪含量10%~80%的产品，奶油（黄油）是以乳和（或）稀奶油（经发酵或不发酵）为原料，添加或不添加其他原料、食品添加剂和营养强化剂，经加工制成的脂肪含量不小于80.0%的产品；无水奶油（无水黄油）是以乳和（或）稀奶油（经发酵或不发酵）为原料，添加或不添加食品添加剂和营养强化剂，经加工制成的脂肪含量不小于99.8%的产品。

　　生活中常说的奶油又称为黄油，是指脂肪含量介于稀奶油和无水奶油之间的一种乳制品。天然奶油是从动物乳中提取出来的半固体食品，由于天然奶油原料的限制，目前市场上大部分的奶油都是人造奶油。我国《食品安全国家标准　食用油脂制品》（GB 15196—2015）中人造奶油（人造黄油）的定义是以食用动植物油脂及氢化、分提、酯交换油脂中的一种或几种油脂的混合物为主要原料，添加或不添加水和其他辅料，经乳化、急冷或不经急冷捏合而制成的具有类似天然奶油特色的可塑性或流动性的食用油脂制品。在生活中选择奶油时需要思考哪些问题呢？

1．常说的植物奶油和动物奶油的区别是什么呢？

在生活中，人们习惯性将由动物乳分离制备的奶油称为动物奶油，而由植物油氢化后加工的奶油一般称为植物奶油。由于动物油中的饱和脂肪酸的含量较高，因此动物油脂提取出来的奶油在常温下是固体，而植物油脂需要将其中的不饱和脂肪酸氢化为饱和脂肪酸以提高熔点形成常温下固体状态的人造奶油。作为人造奶油家族中的成员，奶精、人造黄油、植脂末和代可可脂等都是主要由植物油经氢化工艺制备的。因此，虽然食品安全国家标准中人造奶油的定义包含用动物油脂为原料制备的食用油脂制品，但是由于原材料和价格等因素的限制，市场上常见的人造奶油仍以植物奶油为主。

2．奶油中的反式脂肪酸是什么？

根据脂肪酸的双键特征可以大概将油脂中的脂肪酸分为饱和脂肪酸和不饱和脂肪酸，其中不饱和脂肪酸又分为顺式脂肪酸和反式脂肪酸。顺式脂肪酸如亚油酸、花生四烯酸等不饱和脂肪酸是人体不可缺少的营养物质。天然反式脂肪酸存在于反刍动物油脂中，例如牛羊脂肪和乳脂中存在约5%的反式脂肪酸，喜欢吃牛羊肉、喝羊奶的母亲所分泌的乳汁里会含有约5%的天然反式脂肪酸。据研究，此类反式脂肪酸对人类的血脂有一定的益处。

由于反式脂肪酸的氢化难度大于顺式脂肪酸，因此植物油在氢化不饱和脂肪酸油脂过程中不可避免地会产生结构较为稳定的反式脂肪酸。据报道，不同的氢化工艺会产生25%～45%的反式脂肪酸，部分氢化工艺产生的反式脂肪酸的量甚至会超过60%。另外，压榨和浸取后的植物粗油在精炼过程中为了脱去醇、醛、酮等异味分子或浸取时加入的己烷一般需要在超过200℃高温下真空处理2小时左右，在此条件下，顺式脂肪酸会转化为稳定的反式脂肪酸。基于相同的道理，油脂在烹饪过程中如果反复长时间高温也会产生大量的反式脂肪酸，这些都有可能是奶油中反式脂肪酸的来源。

总体来说，动物奶油的反式脂肪酸含量比植物奶油中反式脂肪酸的含量低。

3．反式脂肪酸会危害人身体吗？

反式脂肪酸对人体的危害已经受到很多科学家的关注。1993年哈佛大学研究表明反式脂肪酸的摄入提高了冠心病的发病率，后续的更多研究表明，反式脂肪酸能增加人体血液的黏稠度和凝聚力，能够引起动脉粥样硬化。我国专家研究表明，反式脂肪酸能够抑制大脑发育所必需的不饱和脂肪酸的生成从而影响幼儿及青少年的生长发育。另外大量的研究表明，反式脂肪酸的摄入具有提高阿尔茨海默病的患病率、降低生育能力和诱发Ⅱ型糖尿病等危害。

需要说明的是，目前我国的各类国家标准中尚未对各类油制品中反式脂肪酸的含量进行明确的限定。美国食品药品监督管理局曾宣布禁止在食品中使用人造反式脂肪酸以降低心脏病发病率，2017年加拿大卫生部发布通报禁止部分氢化植物油用于食品中。

4．大量食用奶油的潜在危害是什么？

除了奶油中反式不饱和脂肪酸对人类的潜在危害之外，奶油的热值也是不可忽略的因素之一。天然奶油的热量为900kcal/100g，而植物奶油因加工的因素导致热值降低，大约为500 kcal/100g。人体在摄入过量奶油的情况下除了会导致血脂升高并诱发其他可能的疾病外，这些热量的储存也可能会导致人体的肥胖。

参考文献

［1］孙慧珍. 植物油中反式脂肪酸的测定及其受热过程中的变化规律［D］. 山东农业大学硕士论文，2016.

［2］孙艳艳. 反式脂肪酸对人体的影响［J］. 中国食品安全，2016，85～85.

［3］方月琴，朱少晖，王寅珏，等. 太仓市超市面包糕点中反式脂肪酸使用情况与消费者购买倾向调查［J］. 现代食品，2018，194～196.

［4］卢伟彬，武睿. 从健康角度看反式脂肪酸［N］. 中国国门时报，2017，11，2.

［5］赵昕，罗诗棋，张琰，等. 植物油加热过程中品质及反式脂肪酸的变化［J］. 食品工业，2016，37（6），170～172.

［6］马慧，杨宏黎，杨舒，等. 植物油及人造奶油研究进展［J］. 食品研究与开发，2017，38（13），205～209.

［7］李双双，刘晓见，李艳娜. 中国人造奶油的现状及发展趋势［J］. 中国油脂，2004，29（5），14～16.

糖

　　糖又称为碳水化合物，其广泛存在于各类食物当中，是人类正常生产和生活所必需的最主要的能量来源之一。碳水化合物、蛋白质和脂肪被称为人体三大能量供应原料，其中由糖供给人体的能量占人体所需能量的70%左右。生活中人们常说的糖主要指的是厨房中的白糖、红糖和零食中的糖果，这类物质都具有明显的甜味，我们在日常摄入糖类的时候需要思考以下几个问题：作为能量来源，糖是不是摄入越多越好呢？红糖和白糖的区别是什么呢？还有哪些口感不甜的食物中含糖量高呢？

1．每天人体摄入的糖（碳水化合物）并不是越多越好

　　各类糖（包括淀粉等多糖）在唾液和肠胃中被降解为容易吸

收的单糖（葡萄糖和果糖等），单糖通过静脉进入人体后俗称为血糖。当血糖含量较高时，肝脏通过胰岛素作用将糖转化为糖原储存起来；当血糖含量较低时，胰岛素又将糖原转化为血糖释放，故胰岛素通过血糖和糖原之间的转化调节血糖的平衡。血糖也可以在肌肉中转化为肌糖原，曾有观点表明千百万年来人类进化过程中长时间的食物匮乏导致人体具有快速储存能量以备"不时之需"的能力。另有研究表明，糖类的摄入有助于抑制大脑中的应激激素皮质醇和应激反应，进而帮助减轻压力，因而糖类的摄入具有愉悦性和"成瘾"的可能，这也是含糖饮料备受欢迎的因素之一。当身体摄入过多的糖时，糖原可以进一步转化为脂肪和氨基酸，这导致人们将过量的糖和肥胖画上了等号。根据能量守恒定律，当人体每天摄入的能量大于消耗时，过量的能量必然会储存在人体中。"临时"储存能量的物质主要是糖原（肝糖原和肌糖原），较长久储存能量的物质主要是脂肪。

一个正常活动的人每天需要摄入1800 ~ 2000kcal的热量，该热量主要是通过食物中的糖、蛋白质、脂肪等物质提供的。每克糖产热是16.7kJ（3.99千卡），每日每千克体重控制0.5g左右糖摄入，也就是说体重60kg的成年人，每天摄入的糖量应在30g左右，过量的糖的摄入会导致能量在体内的累积最终能形成肥胖。美国Weill Cornell医学研究所的科学家研究表明，含糖饮料会增加患心血管疾病、结肠癌及乳腺癌的风险，过去30年美国含糖饮料消费增加和美国25 ~ 50岁人结直肠癌患病率增加有关。还有研究表明包括含糖饮料等过量糖分的摄入和肥胖、龋齿、糖尿病和高血压等疾病呈正相关。综合国内外的研究，我们可以明确地认识到人体摄入的糖过量会损伤人体的健康。

2. 红糖和白糖是通过不同的制作工艺来制备的

通常情况下，红糖和白糖都是从甘蔗或甜菜等含糖植物中提取出来的。甘蔗或者甜菜所榨取的汁液经过清净、浓缩、蒸发和结晶等步骤得到红糖。因甘蔗或甜菜汁液中本身含有一定量的有色物质，同时在浓缩蒸发过程中糖会和胺（例如氨基酸）发生焦糖化反应产生有颜色的物质，另外在熬煮过程中少量的糖也会被转化为颜色较深的焦糖，因此制备白砂糖的过程中必然会涉及脱色步骤，不经过脱色直接得到的糖一般是红糖。

红糖是甘蔗或甜菜经过压榨、提汁、澄清、熬煮和结晶后形成的蜜糖。传统方法制备红糖的工艺保留了甘蔗或甜菜中含有的维生素、核黄素、胡萝卜素、烟酸和锰、锌、铬、铁等微量元素而成为孕妇、老人和儿童的传统保健食品。《本草纲目》记载红糖具有益气补血，活血化瘀等功效。红糖中含有一定量的氨基酸和蛋白质等营养物质，因此红糖具有一定的黏性而易于加工成型，气味上也易于闻出甘蔗或者甜菜的清香味。例如黄苏婷等在红糖的挥发性香气中就检测到了十余种天然有效成分。

在制备白糖过程中，糖汁通过加入石灰、磷酸和二氧化硫等物质产生沉淀吸附固体残渣和色素，同时加入的二氧化硫也起到一定的漂白作用，经过清化后的糖汁浓缩后会产生白砂糖。在漂白过程中，糖汁中的绝大部分氨基酸和微量元素等成分也被分离，因此白砂糖与红糖相比其含有的营养物质的量和种类大大减少。提炼白糖后的有色糖汁经过简单加工后也能得到带色的固体糖，这类糖称为赤砂糖。出于经济利益方面的考虑，赤砂糖一般都是甘蔗汁经过多次脱色提取后的残渣（含有大量有色残渣的糖），因此赤砂糖和红糖的营养成分不能相提并论。

3．大量的摄入淀粉也等于在补充糖

淀粉又称芡粉，广泛存在于大米、甘薯、玉米、栗子等食物中。以大米为例，其淀粉的含量大约为75%，煮熟的米饭约含26%的淀粉，食物中的淀粉经过唾液等消化液消化后最终转化

为人体容易吸收的糖（主要是葡萄糖），因此含有淀粉的食物在咀嚼后能感受到甜味。大量摄入淀粉含量高的食物等于身体间接补充了糖分，故当人体摄入过量的米饭等含淀粉量高的食物后也必然造成体内能量的累积。

需要说明的是，很多人误以为不吃肉和油脂而单纯靠只摄入杂粮（如红薯）或水果（含有糖分）等方法可以减肥。减肥唯一的原理是每天摄入的能量小于身体消耗，反之必然是体内能量的累积过程。当然饮食的均衡是保证身体健康的前提，而单纯靠只补充杂粮或者水果以期达到减肥的目的是不科学的。

参考文献

［1］冯丽等. 科研人员发现中国人群特有的肿瘤克隆结构和演化模式［J］. 肿瘤防治研究，2019，46（4），387～388.

［2］姚映澄，伍晓艳. 合肥市某中学高中生含糖饮料消费情况随访调查［J］. 安徽预防医学杂志，2019，25（2），139～141.

［3］杨芝干. 香甜的古法红糖［J］. 生命世界，2019，2，72～83.

［4］黄苏婷，杭方学，韦春波，等. 红糖的挥发性香气成分分析［J］. 中国调味品，2019，44（3），146～151.

［5］张燕青. 糖与人体健康的关系［J］. 内蒙古石油化工，2006，5，35.

［6］胡荣兰. 吃多少克糖才合适［J］. 云南科技管理，2015，5，74.

［7］徐骏. 人体数字趣话［J］. 农家科技，2006，1，54.

［8］丰丙政，农秋阳，韦树昌，等. 制糖生产工艺中辅料硫黄利用率的分析研究［J］. 轻工科技，2016，2，26～28.

［9］莫斌. 制糖工艺技术指标与工业自动化技术浅析［J］. 时代农机，2018，45（7），58～59.

［10］刘凡. 海南土法制糖与《天工开物》中"甘嗜"制糖法的文化比较研究［J］. 海南师范大学学报（社会科学版），2018，31（1），114～118.

［11］骆啸. 加工精度对大米营养和食用品质的影响［D］. 武汉轻工业大学硕士论文，2017.

小苏打和纯碱

小苏打和纯碱是厨房中常见的两个生活用品。人们习惯上用纯碱去除油污，在面粉中加入小苏打可以蒸出蓬松的馒头。对于生活中常见的这两种物质，我们需要明白哪些化学原理呢？

1. 小苏打是厨房发面以及烹饪肉食的好助手

小苏打化学名称是碳酸氢钠。在厨房中，小苏打是常见的面粉发酵的原料。在北方，传统的发面方法是运用面种子（也叫面引子、老面或酵起子等）掺进面粉中进行发面。面种子是发面蒸馒头前剩下的一小团面，其中含有大量的酵母菌，酵母菌能将面粉中的糖转化为酒精和二氧化碳，大量的二氧化碳气体的释放可以使面团产生很多孔形成发面。面种子中同时含有诸如乳酸菌和醋酸菌等真菌，发面过程中乳酸菌能将面粉中的糖转化为乳酸；醋酸菌能将面粉中的糖分解产生醋酸而呈酸味。因此老面发面法时同时需要加入一定量的小苏打，发酵过程中产生的乳酸和醋酸等能和小苏打发生反应分别生成乳酸钠和醋酸钠同时放出二氧化碳，这样能避免发面产生一定的酸味。改进的发面方法是将面粉中加入发酵粉，发酵粉的成分主要是碳酸氢钠和酒石酸，和进面粉中的碳酸氢钠和酒石酸会缓慢反应生成酒石酸钠和二氧化碳，二氧化碳气体的产生能使面粉变得蓬松多孔而达到"发面"的效果。因此和面过程中加入的小苏打具有中和酸性和产生二氧化碳两个功能。酵母菌能将面粉中的糖发酵为酒精和二氧化碳而不产生酸味物质，因此如果发面时加入纯的酵母，则不需额外添加小苏打，但是生活中无处不在的各类真菌很容易进入到面团中。因此我们的生活经验是：无论何种发面方式，发过了都会产生酸味，而小苏打是很好的中和酸的碱性物质。

小苏打的稳定性较差，在加热的情况下能够转化为纯碱并释放出二氧化碳。小苏打分解放出气体的温度为$50.9 \sim 54.56℃$，因此理论上在发面时只加入小苏打然后通过加热释放出二氧化碳也能够起到面团蓬松的效果，但是随着温度的升高面粉中的蛋白质会变性而变得难以膨胀，因此仅仅通过加入小苏打就上笼屉蒸的方式并不能得到发面馒头。

小苏打作为一种碱性物质，能够促进蛋白质分解为氨基酸，氨基酸是食物鲜味的最主要来源。因此在烹饪肉类物质时预先经过小苏打的腌制有利于提升肉类的口感和味道，同时大分子的蛋白质分解为氨基酸后也有利于肉类的消化和吸收。根据小苏打能够分解蛋白质的作用可以推测，发面时加入适量的小苏打也能调节馒头的口感，因为面粉中也含有一定量的蛋白质。

2．纯碱是厨房去污能手

纯碱的化学名是碳酸钠。在厨房中，经常利用纯碱的碱性去除油污，各类常见的油污都是不溶于水的长链脂肪酸甘油酯，清水很难将油脂溶解而去除。纯碱水溶液具有一定的碱性，具有酯基的化合物在碱的作用下能发生一种称为"皂化"的化学反应，油污的长链脂肪酸甘油酯在纯碱作用下能皂化为甘油和脂肪酸钠，甘油和脂肪酸钠都能够溶解于水中，因此油污在纯碱作用下转化为能溶于水的物质而达到去油污效果。

理论上小苏打水溶液也具有一定的碱性，因此小苏打也有一定的去油污作用，但是小苏打水溶液的碱性比纯碱弱，所以小苏打的去油污效果没有纯碱好。根据温度越高碱性越强的原理，纯碱在热水中的去油污效果比凉水中高。纯碱对于毛制品也具有较强的洗涤效果。随着现代科技的发展，各类洗涤用品的出现逐渐代替了纯碱，厨房中的洗洁精成了洗涤的必备品，但是洗洁精的去污作用和纯碱完全不同，这部分内容将在后续章节中详细讨论。需要说明的是，纯碱作为厨房洗涤用品不存在使用洗洁精时的残留问题，因为从理论上来说纯碱对人体是无毒的。

3．小苏打和纯碱都是常见的药物

小苏打和纯碱因其碱性而具有一定的杀菌抗病毒作用。研究表明小苏打和纯碱对番茄壮苗有一定的功效，且对灰霉病、柑橘青霉病以及南果梨采后轮纹病等具有一定的防治作用。

此外，研究还表明小苏打对于动物体具有健胃、拟酸和增进食欲作用。在养猪、养鸡和养牛等畜禽业，小苏打广泛作为饲料添加剂应用，添加小苏打的饲料能够预防动物疾病和增加畜禽产量。经实验表明，在仔兔饲料中添加小苏打能将其成活率提高16.7%；奶牛饲料中添加小苏打能将奶牛产奶量提高10%；猪饲料中添加小苏打可以提高仔猪成活率约5%；鸡饲料中添加小苏打可以提前育肥并增加产蛋率和降低蛋的破损率。夏天将少量的小苏打喂鸡可以预防热射病并能提高雏鸡的增重率；在人用药方面，碳酸氢钠（小苏打）注射液主要用于纠正体内酸中毒、高血钾症、感染中毒性休克等疾病。综合各类研究结果均说明小苏打是一种无毒的可入药的食品添加剂。

很多痛风患者通过喝苏打水以期降低自身血液中尿酸的含量。虽然小苏打是碱性而尿酸是酸性物质，两者理论上能够发生酸碱中和反应生成盐，但是苏打水在进入人胃后，胃酸（盐酸）能够和小苏打快速反应生成氯化钠（食盐）和二氧化碳，因此苏打水的作用是降低胃酸的含量而无法直接降低血液中尿酸的含量。没有文献表明通过降低胃酸的量可以最终导致血液中尿酸含量的降低，尤其是人体"酸碱体质"理论被证明是伪科学后，通过喝苏打水以期治疗痛风的说法应该是尚未被医学证明的非科学方法。

参考文献

[1] 徐占红，耿凤琴. 鸡在炎夏补喂重碳酸钠能预防热射病 [J]. 畜牧兽医科技信息，1997，7，5～5.

[2] 顾学裘. 药物制剂注解 [M]. 北京：人民卫生出版社，1981，3.

[3] 余朝阁，王野，隋心意，等. 碳酸钠和碳酸氢钠对番茄壮苗和灰霉病的防治作用 [J]. 中国蔬菜，2018，12，29～32.

[4] 徐冬梅，张燕宁，张兰，等. 碳酸钠和碳酸氢钠对柑橘青霉病的防治效果评价 [J]. 食品科技，2016，41（8），254～258.

[5] 郝海仿. 碳酸氢钠在畜禽生产中的应用 [J]. 明业技术与装备，2009，4，38～39.

[6] 李雪刚. 碳酸氢钠在畜牧生产中的应用 [J]. 农村科技，2003，4，10.

[7] 崔建潮，贾晓辉，孙平平，等. 碳酸氢钠和碳酸钠对南果梨采后轮纹病的控制 [C]. 植保科技创新与农业精准扶贫－中国植物保护学会2016年学术年会论文集2016, 11, 509.

[8] 王文英. 碳酸钠与碳酸氢钠分解温度的热力学估算 [J]. 化学教育,2016,37(15), 71 ~ 72.

第六节

盐

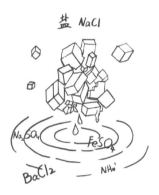

厨房中食盐的化学名是氯化钠，一般情况下的食盐是粉末状的白色结晶型固体。虽然食盐是一种常见的调味品，但是一般人们并不熟悉食盐对我们人体的作用以及生活中如何正确使用食盐，对于加碘盐的选择我们也缺乏相应的知识，因此我们需要系统地认识厨房中的食盐。

1．加碘盐的认识

习惯上把添加了碘类食品营养强化剂的食用盐称为加碘盐，根据《食品安全国家标准　食用盐碘含量》（GB 26878—2011）的规定，在食用盐中加入的食品营养强化剂包括碘酸钾、碘化钾和海藻碘。根据《食盐加碘消除碘缺乏危害管理条例》

（中华人民共和国国务院令第163号）的规定，食用盐中所加入的含碘类食品营养强化剂应主要使用碘酸钾。

碘元素作为人体生命活动不可或缺的微量元素，是甲状腺激素合成的重要组成部分。历史上因为饮食和文化习惯尤其是自然环境的问题，中国人曾是世界上严重缺碘的种群之一，在20世纪70年代，国内许多地区仍存在着不同程度的缺碘状况。如果人体摄入过少的碘，就会引起呆小症、克汀病（以痴呆、矮小、聋哑和瘫痪为主要临床特征）、亚克汀病（以智力低下为主要临床特征）、胎儿流产和甲状腺肿等疾病，因此我国在1995年开始实行食盐加碘政策，通过在每天必需的食用盐中添加碘元素以改善人体碘缺乏的状况。但是人体如果摄入了过量的碘则会导致高碘性甲状腺肿、甲状腺功能亢进症、自身免疫甲状腺病、甲状腺功能减退症以及甲状腺癌等疾病。我国幅员辽阔，以渤海湾地区为例，大部分该地区的饮用水中含碘量已经高达1000 μg/L，导致该地区高碘甲状腺疾病仍然呈流行状况。因此，在环渤海湾地区生活的人们应该根据自身身体内的碘的含量合理选取加碘盐或无碘盐食用。测定人体是否摄入最佳碘量的方法是测定尿液中碘的含量，WHO（世界卫生组织）推荐的人体最佳碘摄入量是保持每升尿液中的碘含量100~200 μg为最佳。2018年5月国家卫生健康委员会公布了修改《食盐加碘消除碘缺乏危害管理条例》的征求意见稿，其中明确了我国食盐加碘的"因地制宜、分类指导和差异化干预、科学与精准补碘"的原则，强调针对不同地区、不同人群，科学指导其选择使用加碘盐或不加碘盐。因此，患有甲状腺功能亢进、甲状腺炎、自身免疫性甲状腺疾病的患者应该遵医嘱不食或者少食加碘盐。生活在高碘地区的人群，因其食物和饮用水中已经含有较高剂量的碘，因此可以选择性地购买不加碘食盐。例如姜北等对陕西关中地区的地下水中碘含量进行测定，测定结果表明：秦岭北麓的蓝田、眉县、凤翔和岐山等地区为低碘区，武功和周至县以西、长安区和临潼区的黄土台塬地区为适碘区，渭河以北礼泉县以东及渭南市、华县和华阴市的阶地地区为高碘区，这些地区生活的人可以根据地下水的含碘量以及自身的身体状况合理选择加碘盐和进行地方病预防。

2．食盐对人体作用的认识

食盐溶于水后形成的钠离子和氯离子为人体细胞外体液中主要的离子，其中钠离子的功能为维持肌肉及神经的易受刺激性，包括心脏肌肉的活动、消化道蠕动、神经细胞信息传递等；氯离子是人体消化液的主要成分，其能调节和维持体内水分含量及血液酸碱值和电解质平衡。但是过量食用食盐后对人体反而会产生副作用。世界卫生组织建议，成年人每天钠摄取量应低于2g，即食盐的摄取量应低于5g。部分调查研究表明，我国城市居民日均食盐摄入量超过10g，农村居民平均食盐摄入量竟然超过15g。高盐饮食是高血压发病最重要的危险因素。各类数据表明，我国高血压患病率已经达到25%以上，部分地区甚至超过30%。高血压是脑卒中、心脏病及肾脏疾病最主要的诱发疾病之一。除了容易导致以高血压为代表的心血管疾病之外，食盐摄入超量还容易导致骨质疏松、感冒和肠胃黏膜损伤等疾病。因此，在整体人群中大力宣传降低每日食盐摄入量显得非常迫切。原卫生部心血管病防治研究中心等部门出版的《钠与高血压》中建议适当增加钾而减少钠的低钠盐产品的推广。低钠盐是以食用氯化钠、食用氯化钾或食用硫酸镁（或氯化镁）为主要原料，经过科学合理的配比加工而成的食用盐，该盐能够降低钠含量而增加钾和镁等营养元素。高血压患者可以适当选择低钠盐烹调。低钠盐中的钾离子也是人体必需的营养物质之一，其对维持细胞新陈代谢、调节渗透压与酸碱平衡、维持肌神经的兴奋性具有重要的生理作用。人体内的钾主要来源于膳食，经过肾脏排泄，正常的饮食基本能够满足人体每天对钾的需求，因此，通过低钠盐过量摄入的钾离子会正常排泄掉，但是肾功能不全者应该慎重选择低钠盐。

3．人体隐性盐摄入的认识

随着我国经济的不断发展和人民生活水平的逐步提高，人群中对于"低盐"和"低油"饮食的认识已经逐渐回归理性和科学，但是大部分人将"控盐"紧紧理解为在烹饪时少加食盐，而对于食物中的隐性盐的认识不足。在一些调味品中，比如酱油、醋和味精中都含有大量的食盐成分。酱油因为口感是咸的因此容易被人觉察，在陈醋和香醋中往往也含有一定量的食盐。味精的主要成分是谷氨酸钠，味精的摄入无形中会增加人体钠的摄入量，这类口感不咸的调味品应该也是控盐的对象。另外，面包、油条和馒头的发酵方式主要采用小苏打（碳酸氢钠），经过小苏打发酵后的面食中含有大量小苏打带来的钠离子，这类食物的摄入也是人体"隐性盐"摄入的方式之一。方便面、泡菜、咸肉、火腿肠、瓜子、果脯等食物中的钠含量都较高。

4．化学概念的"盐"认识

在传统厨房中，还有一些化学范畴中的"盐"类物质，"硝"就是一种化学盐。硝学名亚硝酸钠，在烹饪肉类食物时人们经常习惯加入一定量的硝以起到增色和防腐作用。其原理是亚硝酸钠分解出的一氧化氮能很快和肉中的肌红蛋白反应生成稳定鲜艳的亮红色亚硝基肌红蛋白。亚硝酸钠同时还具有很好的抑菌作用，特别是对于可以产生毒素的肉毒梭状芽孢杆菌具有很好的抑制作用从而延长肉类的保质期。但是摄入到人体内的亚硝酸钠能够氧化血红蛋白形成高铁血红蛋白导致血液丧失携氧功能，同时亚硝酸钠具有致癌、致畸和致突变的"三致"作用。因此亚硝酸钠的每日摄入量应该小于0.2g，正常人摄入0.2~0.5g的亚硝酸钠即可引起食物中毒，一次性摄入3g即可导致死亡。但是因食品腌制过程中会自然生成少量的亚硝酸钠，同时尚未有较好的无毒或者低毒替代品，因此目前在熟肉处理行业存在广泛使用亚硝酸钠的情况。我国《食品安全国家标准　食品添加剂使用标准》（GB 2760—2014）中规定：腌腊肉制品等熟食中亚硝酸钠含量应该小于30mg/kg；西式火腿中亚硝酸钠含量应该小于70mg/kg；肉罐头中亚硝酸钠含量应该小于50mg/kg。建议在家庭厨房制备肉类食品时不添加亚硝酸钠以防摄入量过多引起中毒。

　　另外，厨房中的小苏打（碳酸氢钠）、纯碱（碳酸钠）和味精（谷氨酸钠）等物质在化学中都属于"盐"类化合物，这部分内容在另外章节中讨论。

参考文献

[1] 闫丽华. 关于盐…… [J]. 大众标准化, 2016, 5, 32 ~ 35.

[2] 褚红玲, 颜力, 李妍, 等. 全民减盐的科学证据与政策建议 [J]. 中国卫生政策研究, 2013, 6（11）: 23 ~ 30.

[3] 吴菲, 孙倩, 赵娜. 我国食盐加碘政策对碘缺乏疾病影响效果的研究 [J]. 河南预防医学杂志, 2018, 29（11）, 804 ~ 806.

[4] 姜北, 袁秋月, 李爽, 等. 关中平原地区地下水中碘的分布特征及碘盐供应问题探讨 [J]. 水资源与水工程学报, 2017, 28（6）, 97 ~ 103.

[5] 皮云帆. 加碘盐, 吃还是不吃? [J]. 食品安全导航, 2014, 11, 50 ~ 52.

[6] 石昌来, 朱本宏. 浅谈实验分类与科学选用 [J]. 盐科学与化工, 2017, 6, 18 ~ 21.

[7] 刘小叶, 胡蕊, 李刚, 等. 假性高血钾症的识别与避免 [J]. 中国高血压杂志, 2018, 26（8）, 784 ~ 789.

[8] 刘鹏雪, 刘昊天, 张欢, 等. 糖基化亚硝基血红蛋白部分替代亚硝酸钠对哈尔滨风干肠质量的影响 [J/OL]. 食品科学, http:// kns.cnki.net/ kcms/ detail/ 11.2206. TS. 20181130. 1537. 006html

[9] 杜翠荣. 香肠中次磷酸钠复合添加剂替代亚硝酸钠的研究 [J]. 中国食品添加剂, 2019, 5, 101 ~ 108.

蔬菜

　　蔬菜是我们日常生活中不可或缺的食材，我们通过蔬菜获得人体每日必需的维生素和微量元素。对于蔬菜的选择和加工，每个人都有自己的生活经验，但是我们对蔬菜的认识科学吗？对于和蔬菜相关的化学知识我们需要了解哪些呢？

1．蔬菜的营养

　　中国营养学会制定的《中国居民膳食指南》中指出，我国成年人每天应摄入300～500g蔬菜，而世界卫生组织推荐，每个人蔬果类每日摄入量应该不少于400g。根据中国疾病预防控制中心的数据，我国18岁以上居民人均每日蔬菜水果摄入量不足400g的比例高达52%。蔬菜为人类提供必需的维生素、矿物质和膳食纤维，且不同种类的蔬菜中营养物质的含量不同。研究表明，以菱角、芡实、莲藕、水芋头、茭白、荸荠和慈姑等为代表的水生蔬菜中因含有一定的黄酮和多酚等高活性物质而表现出了较好的抑菌、抗氧化和抗肿瘤效果，而在陆生植物性蔬菜中总黄酮和总多酚含量与水生蔬菜相比差异很大。

根据蔬菜的颜色不同，以菠菜、芹菜和青椒为代表的绿色蔬菜含有较为丰富的类胡萝卜素和维生素C等，因此这类蔬菜具有抗氧化、护肝和明目等作用；以南瓜、黄色甜椒和黄色西葫芦为代表的黄色蔬菜中含有丰富的类胡萝卜素，因此这类蔬菜对肝脏有益；以西红柿为代表的红色蔬菜中含有番茄红素，因此这类蔬菜具有防癌抗癌作用；以紫茄子、紫苏和紫豆为代表的紫色蔬菜含有丰富的维生素P，因此这类蔬菜具有调节神经和防止紫斑病的作用；以茭白、莲藕和冬瓜为代表的白色蔬菜中含有黄酮和多酚类物质，因此这类蔬菜具有抗氧化和止血等作用。我们每天需要选择性摄入不同种类的蔬菜和水果以达到各类营养物质的均衡，合格的蔬菜并无优劣之分，价格的高低仅仅是受到供求关系影响的市场表现，并不能说价格越贵的蔬果对人体越好。

大部分人已经能够科学地认识蔬菜和水果中的维生素和矿物质对人体的作用，而对于蔬菜中膳食纤维的认识还不足。膳食纤维是一种多糖，是植物细胞壁的主要构成成分，它不能被人体肠胃消化和吸收，因此膳食纤维不能为人体产生能量，但是膳食纤维却是人体每天不可或缺的重要物质。海南省疾控预防中心曾经发布了膳食纤维对人体的六大作用：维持肠道健康、调节血糖和预防Ⅱ型糖尿病、增加饱腹感和调节体重、预防脂代谢紊乱、调节矿物质的吸收和预防结肠癌。因此，营养学界将膳食纤维定义为第七类营养素（与蛋白质、脂肪、碳水化合物、维生素、矿物质和水并列）。公认的膳食纤维能够预防结肠癌的原理是不能被消化的膳食纤维能够刺激肠道的蠕动而加速营养物质的吸收和残渣的排泄。膳食纤维含量最高的十种蔬菜分别是鱼腥草、金针菜、黄秋葵、毛豆、牛肝菌、彩椒、香菇、豌豆、春笋和南瓜。

2. 蔬菜的污染

人们对蔬菜中农药残留等蔬菜污染问题都有一定的认识，蔬菜的污染主要来源是在种植过程中土壤、水、空气和农药所带来的毒性物质的残留。例如部分农户在路边或污染较重的河边种植蔬菜或者用污水浇灌蔬菜都可能引起蔬菜内污染物质的增多。2019年杨和连对新乡市卫河沿岸生长的果蔬的砷和铬等污染物进行检测后发现：甜辣椒、黄瓜和菜豆受到了轻度污染；豇豆受到了中度污染；茄子受到了重度污染。

彭皓等通过对天津武清区45个农田土壤以及对应的叶类蔬菜进行了研究，结果表明：Cr（铬）和Ni（镍）污染主要来自成土母质（土壤本身）；Zn（锌）和Cd（镉）污染主要受诸如畜禽粪便的施用等农业活动影响；Cd（镉）和Pb（铅）污染主要受工业活动的影响；Cu（铜）污染受到工业和农业活动共同影响。焦璐琛等通过研究表明，土壤中施用猪粪会造成四环素和重金属的累积，这些物质都会被蔬菜富集吸收。

2019年长治市农产品质量安全检验检测中心对市场上91个蔬菜样品的检验结果进行了报道：整体农药残留检出率为53.8%；超标率为3.3%；检测出杀虫以及杀螨类农药18种；检出杀菌类农药3种；所检出的超标样品均为禁限用农药。

以上信息都说明，蔬菜的污染问题是与人民群众息息相关的民生问题，我们在选择购买蔬菜时应该选取正规渠道并经过国家检验检疫部门认可的蔬菜进行购买。对于选择路边摊的"本地居民自家种植"的蔬菜，因其生产过程的规范性问题导致其污染程度未受相关检验检疫部门的监控而具有一定的风险。

3．蔬菜的清洗和烹饪

蔬菜在食用前都需要进行清洗，因为绝大多数农药都是脂溶性的（不溶于水），因此简单的清洗和浸泡并不能降低蔬菜中的农药残留，但是一部分农药是具有酸性官能团的，因此用碱水浸泡蔬菜能降低部分种类的农药残留。一定浓度的盐水能够杀菌，因此生食的蔬菜可以在盐水中浸泡，但是盐水对于降低农药残留几乎没有作用。蔬菜在刀切后再进行洗涤容易将蔬菜中的水溶性营养物质洗去而降低了蔬菜的营养价值，因此一般情况下蔬菜的加工应该是先洗涤后加工。

蔬菜烹饪过程中造成的营养物质的流失现象也备受人们的关注。胡文才等以马齿苋、蕨菜、椿菜和白花菜为原料研究了微波、爆炒、焯制和煮制等烹饪方法对蔬菜中总多酚、总黄酮和叶酸等营养成分含量变化的影响。结果表明：爆炒方式是总多酚和总黄酮保存率最佳的烹饪方式；微波加热是热损失率最小的烹饪方式但也是总黄酮损失率最大的烹饪方式；焯制是保存蔬菜叶酸最佳的烹饪方式。

董红兵等通过研究结果表明，绿叶蔬菜经过沸水焯制后比未处理的样品中的叶绿素含量更高，但是维生素C含量和抗氧化值在焯制后都大大降低。该研究中还表明，绿叶蔬菜先切后洗的维生素C含量和抗氧化值都比先洗后切降低得多。在焯制过程中，因为高温破坏了一部分营养物质，但是使叶绿素得到了保护，因此很多餐厅为了保证绿叶蔬菜翠绿的外观而会选择先焯水后加工，但翠绿的外观不代表维生素C等营养物质的保留。

戚浩彧通过不同蔬菜烹饪方式对营养物质影响的研究表明：蔬菜中维生素C和维生素B_2为代表的水溶性维生素，煮制和蒸制会使其因溶出而损失较多；对于β胡萝卜素为代表的脂溶性维生素，炒制会使其损失更多；对于总黄酮和总酚，因为存在细胞破裂营养物质溶出的过程，因此炒制呈现先增加后降低的过程，煮制则会随着时间的增加而逐渐降低；对于钙、铁和锌等微量元素，因为该类矿物质较为稳定，各类烹饪方式对其影响不大，在蒸煮的过程中可溶性的矿物质会因溶出而减少。无论何种烹饪方式都会使蔬菜的总体营养价值降低，综合各类蔬菜来讲，蒸制1分钟或炒制温度为150～180℃，时间为1～2分钟，蔬菜的营养品质得分最高。因此，我们在厨房中选择烹饪方式时需要考虑不同蔬菜的营养成分的保存。

发酵是蔬菜加工的一种常见方法。蔬菜在乳酸菌的作用下发酵产生乳酸和醋酸等酸性物质，在酸性条件下有害微生物的生长受到了抑制因而延长了蔬菜的保质期，乳酸和醋酸的酸味又带来了新鲜蔬菜所缺乏的美味，蔬菜在发酵过程中蛋白质转化为氨基酸一定程度上也增加了蔬菜的鲜味，因此很多人喜欢吃经过发酵处理的酸菜和泡菜。在发酵的初期，好氧菌和酵母菌占优势，具有硝酸还原性的细菌几乎都是好氧菌，此时蔬菜中的硝酸盐大量被转化为亚硝酸盐。在发酵的中后期，由于氧气的消耗，厌氧性的乳酸菌变为优势菌群，乳酸菌能够降解亚硝酸盐，因此，蔬菜通过科学合理的发酵并不存在亚硝酸盐超标的问题，但是菜肴在空气中保存过程中，因为氧气的存在，其亚硝酸盐含量会随着时间的推移逐渐升高，这就是为什么隔夜（长久放置）的菜肴不宜食用的原因。

参考文献

[1] 海南省疾控中心. 蔬菜十佳单项排名 膳食纤维最高的十种蔬菜 [J]. 中国热带医学，2019，6，17.

[2] 杨和连，游宏建，岳细云，等. 新乡市卫河沿岸果菜类蔬菜重金属As、Cr污染分析 [J]. 东北农业科学，2019，44（2）：49～51，56.

[3] 彭皓，马杰，马玉玲，等. 天津市武清区农田土壤和蔬菜中重金属污染特征及来源解析 [J/OL]. 生态学杂质，https://doi.org/10.13292/j.1000-4890.201907.011

［4］胡文才，杨帅，陈祖明. 不同烹饪方式下野生蔬菜中活性成分的比较研究［J/OL］. 现代食品科技，http://kns.cnki.net /kcms/ detail/ 44. 1620. TS. 20190613. 1022. 010. htms

［5］曹哲峰，焦晓伟. 茄果类蔬菜农药残留状况分析［J］. 农业开发与装备，2019，4，79 ～ 80.

［6］焦璐琛，迟苏琳，徐卫红，等. 施用猪粪对蔬菜生长及土壤抗生素、重金属含量的影响［J］. 中国农业通报，2019，35（14）：94 ～ 100.

［7］董红兵，胡蓝. 不同加工方式对绿叶蔬菜营养物质的影响［J］. 武汉商学院学报，2019，33（1），91 ～ 94.

［8］胡晓潇. 常见水生蔬菜提取物生物活性研究［D］. 武汉轻工业大学硕士论文，2017.

［9］迟雪梅，张庆芳，迟乃玉. 发酵蔬菜安全性的研究进展［J］. 中国酿造，2018，37（8），5 ～ 8.

［10］戚浩彧. 烹饪对蔬菜中功能成分及其营养评价的影响［D］. 河南工业大学硕士论文，2016.

第八节

稻米

水稻是世界上种植面积和总产量仅次于小麦的重要粮食作物，稻米是我国60%以上人口的主食。面对市场上琳琅满目眼花缭乱的稻米，我们该如何科学地选择稻米呢？

1．稻米的选择

稻谷由谷壳、果皮、种皮、外胚乳、糊粉层、胚乳和胚各部分构成。糙米是指脱去谷壳，保留其他各部分的制品；精制大米（即通常所说的大米）是指仅保留胚乳，而将其余部分全部脱去的制品。由于稻谷中除碳水化合物以外的营养成分（如蛋白质、脂肪、纤维素、矿物质和维生素）大部分都集中在果皮、种皮、外胚乳、糊粉层和胚（即通常所说的糖层）中，稻米胚乳中淀粉

（75%）和蛋白质（8%）的含量较高，而脂肪、灰分和纤维素的含量都极少，因此糙米的营养价值明显优于精制大米。所以对于稻米的选择并不是越"精"（白）越好。

煮饭之前人们习惯性淘米。淘米主要是去除稻米表面残留的糊粉层和未碾净的少量谷粉以及杂质。稻米表面的糊粉层因影响美观从而对销售产生一定的影响，因此很多稻米加工企业会生产抛光米，稻米在抛光过程中进一步去除了其表面的糠粉而达到清洁光亮的效果。国内常用的抛光剂是水，但是国外有报道称在水中添加一定的添加剂能够在米粒表面形成很薄的凝胶膜，从而使米粒表面产生珍珠般的光泽，当然国内也有不法企业采用工业石蜡作为抛光剂的。虽然符合国家相关规定的抛光米（免淘米）可以放心食用，但是稻米经过反复的精制后将大量的营养物质去除并不是一种值得提倡推广的做法，我们在消费稻米时适当地选择糙米有利于我们自身营养物质的均衡吸收。

自1996年人类开始商业化种植转基因作物以来，转基因水稻技术在全球得到了空前的发展，国内以袁隆平教授为代表的杂交水稻技术解决了水稻种植中的一系列问题并取得了阶段性的成果。当然转基因水稻的商业化一直是国内外争议不断的焦点之一，因此我们在选择稻米时应该明白转基因技术对人类的潜在影响。陈友倩等在《水稻转基因及其安全性研究进展》一文中总结了转基因水稻引起人体耐药性、人体过敏性、产生有毒物质、营养价值和生物多样性等安全性研究成果。第一，转基因水稻中的标记基因以抗生素抗性为主，抗生素抗性没有出现不安全情况，但这种抗性还不能确定可以经过水平传递方式进入到人类肠道中，且在肠道中的微生物和上皮细胞中变现获得抗药性，这样可能存在影响口服抗生素药效的情况。简单来说，转基因稻米可能（尚未确定）会导致人体抗药性。第二，引入外源基因可能会引发人体的过敏反应，这种反应可能是致命的，因为在转基因操作过程中可能把没有被食用过的过敏原引入到原基因从而引发一系列不可预知的意外。第三，在打开一种目的基因的同时，遗传修饰的作用可能使天然植物毒素含量增加。第四，转基因技术在改变某种营养元素含量的同时会影响整个水稻的营养成分并使得水稻中营养成分的生物利用率、代谢运动等发生变化从而造成人体代谢功能紊乱。第五，通过转基因水稻与非转基因水稻相邻种植实验可以证明转基因水稻的基因会转移到非转基因水稻中，从而显示出转基因水稻存在的安全性隐患，因此转基因作物体内包含的抗除草剂及抗杀虫剂等变性基因有可能通过花粉传染给其他杂草，从而产生难以消灭的"超级杂草"和"无敌害虫"。

综上所述，我们选择市场上的转基因稻米时应该明确这些潜在的危险因素。

2．稻米的营养

稻米中的主要营养物质是淀粉，淀粉分为支链淀粉和直链淀粉。研究表明，直链淀粉能被单胃动物胃肠道中的 α 淀粉酶快速降解生成葡萄糖，支链淀粉不能被小肠 α 淀粉酶降解或者降解很慢，未经降解的支链淀粉被肠道中的微生物发酵后产生大量的短链脂肪酸。因此，稻米中不同淀粉在人体中的消化和吸收位置和速率都不相同。根据淀粉颗粒的大小、淀粉颗粒的结构以及直链和支链淀粉的比例不同，我们一般将淀粉分为易消化淀粉（酶解时间小于20min）、缓慢消化淀粉（酶解时间在20 ~ 120 min之间）和抗性淀粉（酶解时间大于120 min）。

唾液中含有一定量的淀粉消化酶，因此通过咀嚼，易消化淀粉在口腔中能够被分解为葡萄糖从而感受到米饭的甜味。稻米煮成熟饭后的食味品质（口感）主要是由以小分子直链淀粉为代表的易消化淀粉的含量决定的。当稻米中的直链淀粉含量低时，米饭涨性小，饭较湿黏而有光泽；直链淀粉含量高时，米饭涨性大，饭干松而色淡，冷后质硬；中等直链淀粉含量的米饭介于中间，较蓬松而软，虽然米饭的口感还受到糊化温度和胶稠度等因素的影响，但是一般来说，易消化淀粉含量越高的米饭口感越差。易消化淀粉会引起人体血糖水平的急剧变化，并且会提高多种慢性病的发病率，因此我们通过米饭的口感可以简单地判别淀粉的含量多少。

米饭的营养品质除了淀粉含量之外，还包括蛋白质含量和赖氨酸含量。一般高蛋白质米较硬，呈浅黄色，影响外观品质和食用品质，因此对于稻米来说，一般有"食味与营养不可兼得"之说。常规的认识是，包括稻米、小米、薏米、豆类、山芋、土豆等淀粉的含量和种类都不相同，各类主食搭配或者变换食用有利于人体的营养均衡。

参考文献

[1] 蒲俊宁，王华杰，陈代文，等. 饲粮直链/支链淀粉比对育肥猪生长性能、营养物质表观消化率、肠道食糜菌群数量与挥发性脂肪酸浓度以及肌肉内脂肪含量的影响 [J]. 动物营养学报，2018，30（12）：4874 ~ 4885.

[2] 徐兆师. 北方粳稻稻米品质形状的遗传效应研究 [D]. 吉林农业大学研究生论文，2002.

[3] 马先红，李环通，陈莘化. 玉米淀粉消化性能的研究进展 [J]. 食品工业，2018，39（2），273 ~ 278.

[4] 李维强. 免淘米加工工艺探讨 [J]. 粮油加工，2007，5，67 ~ 68.

[5] 陈友倩，何丽华，王宏昆，等. 水稻转基因及其安全性研究进展 [J]. 现代农业科技，2018，15，15 ~ 19.

[6] 董悦. 转基因水稻商业化前景分析 [J]. 农业展望，2011，3，19 ~ 23.

味精

　　味精的主要成分是谷氨酸氢钠，它是厨房中常见的调味品，在烹饪食物中加入适量的味精能起到增鲜的作用。关于味精的科学，我们应该思考哪些问题呢？

1．味精的生产工艺

　　一般来讲，市场上的味精中谷氨酸氢钠的含量分为四种规格：99%、95%、90%和80%，其他的添加物主要是食盐。味精增鲜作用主要是其主成分谷氨酸氢钠引起的。谷氨酸氢钠是谷氨酸的单钠盐，谷氨酸是构成蛋白质的原料之一，蛋白质在水解后即可生成谷氨酸，谷氨酸的羧基氢被钠离子取代后可以生成谷氨酸氢钠和谷氨酸二钠，因此，最早的味精主要是由蛋白质含量较高的小麦面筋和大豆为原料经水解得到的。谷氨酸是既含有一个氨基（碱性）官能团又含有两个羧基（酸性）官能团的两性电解质，当遇到酸时谷氨酸可以形成铵盐，因为谷氨酸有两个羧基，因此当遇到碱时可以生成单羧酸盐和双羧酸盐。味精中的谷氨酸氢钠就是谷氨酸的单羧酸盐。因此当酸碱度刚好达到某个pH值时（谷氨酸的等电点是3.22），蛋白质水解的谷氨酸既不形成铵盐也不形成羧酸盐，此时谷氨酸在水里溶解度最小，通过结晶沉淀即可得到谷氨酸，谷氨酸和碳酸钠（碱性）反应后生成的谷氨酸氢钠即为味精的粗产品。

因为植物蛋白原料供应的限制，目前市场上绝大多数味精都是通过发酵法制得的。发酵法制味精的主要原料是淀粉含量高的山芋、土豆、木薯和玉米等。淀粉水解后生成的葡萄糖可以在某些菌类（钝齿棒杆菌或北京杆菌）的作用下转化为谷氨酸，因为葡萄糖不含有氮元素，因此淀粉发酵法制备谷氨酸时一定要加入氮源，目前国内常用的氮源是尿素。因此发酵法制备味精的工艺可以简单地描述为淀粉和尿素在菌类的发酵作用下生成谷氨酸。发酵法中谷氨酸转化为成品味精的方法和水解法类似。

2. 味精的作用和用量

味精的主成分谷氨酸氢钠进入人体后以谷氨酸和钠离子参与人体代谢，因此味精是人体潜在的钠离子的来源。高血压患者在控制每天食用盐用量时应该考虑味精中钠离子的含量。谷氨酸在人体中代谢的方式主要通过提供氨基合成新的人体必需氨基酸，因此味精有助于人体蛋白质的合成。

大量的研究表明，尚未发现人体食用味精造成的不良结果，世界卫生组织下属的食品添加剂联合专家委员会（JECFA）分别于1970年、1973年、1987年和2004年评估了谷氨酸的安全性，多次研究结果均表明味精是安全的食品添加剂，人体的安全摄入量为"无需限制"。最新的评估报告中建议每日每公斤体重摄入味精量为30mg。以70kg的成年人为例，每日摄入谷氨酸的量应该限定在2.1g范围内，正常的饮食不会引起人体谷氨酸的超量。

此外，谷氨酸能参与脑内蛋白质和糖的代谢，促进其氧化过程，因此味精对于改进和维持脑功能有益；谷氨酸能在血液中结合氨生成无毒的谷酰胺以减轻肝昏迷症状从而可以作为治疗肝病的辅助药物。

需要说明的是，谷氨酸钠在加热后能生成不具有鲜味的焦谷氨酸，因此味精在烹饪时应该最后添加以防止因高温和长时间烹饪而失去味精的鲜味，但是一定量范围内的焦谷氨酸并不会对人体产生毒副作用。

3．味精和鸡精的区别

由发酵所得的呈味核苷酸二钠也具有鲜味，其和谷氨酸氢钠合用时具有显著的增鲜作用，因此味精中添加适量呈味核苷酸二钠就是所谓的"强力味精"。强力味精添加一些辅助物质就形成了市场上常见的鸡精。

鸡精是以鸡肉、鸡骨的粉末或者其浓缩抽取物、谷氨酸氢钠、食用盐、呈味核苷酸二钠等为原料，添加或不添加香辛料或食用香精等增味和增香剂经混合、干燥加工而成的。例如纪艳青等曾经报道了一种鸡精配方，其组成主要是玉米淀粉、食盐、蔗糖、味精、呈味核苷酸二钠、酵母抽提物、纯鸡肉粉等。

常见的鸡精中含有大约10%的食用盐，因此鸡精的大量食用有可能导致食盐摄入量超标；鸡精中的呈味核苷酸二钠在人体中代谢产物之一为尿酸，因此痛风患者（高尿酸症患者）应该慎重选择鸡精。

参考文献

[1]夏明德. 由发酵法制味精 [J]. 江苏教育, 1993, 11, 39.

[2]任艳艳, 张水华, 王启军. 酵母抽提物改善鸡精调味料风味的研究 [J]. 中国食品添加剂, 2004, 1, 103 ~ 105.

[3]纪艳青, 赵兰坤, 籍广红, 等. 鸡精配方优化研究 [J]. 中国调味品, 2016, 41 (7), 42 ~ 45.

[4]徐志强. 鸡精和味精的区别 [J]. 中国质量技术监督, 2006, 1, 47.

[5]钟凯. 味精真的不能任性吃 [N]. 家庭医生报, 2017, 8, 第024版.

酒

　　酒是生活中常见的饮品和调味品，无论是啤酒、白酒、红酒还是各类果酒中都含有一定量的酒精，因此无论摄入什么类型的酒，人体都会因酒精作用而产生生理和心理的变化。当然，酒中的其他营养物质也会对人体的营养补充和均衡起到一定的积极作用。例如啤酒就因含有一定量的氨基酸、糖类、维生素和矿物质等被称为"液体面包"；红酒中的白藜芦醇（酿造时从葡萄皮中带入）具有预防心脏病、抑制血小板凝聚、调控脂质和脂蛋白代谢、抗氧化和抗癌等生理活性。对于酒，我们应该从哪些角度进行认识呢？

1．白酒为什么有不同的香型?

作为我国传统的蒸馏酒,白酒与白兰地、威士忌、伏特加、朗姆酒和金酒并称为世界六大蒸馏酒。按其香型可以分为酱香型、浓香型、清香型、米香型和兼香型五大香型。白酒都是由高粱、玉米、荞麦和大麦等粮食中的淀粉经降解为葡萄糖后在不同的酒曲(含多种微生物和酶)分解下生成酒精的。因酒曲中含有多种微生物和酶,所以粮食中的蛋白质等也能在微生物作用下发酵产生各类香味物质。白酒的制作工艺一般都经过蒸煮、糖化、发酵、蒸馏等步骤。不同的原料、酒曲和生产工艺造成白酒中除了含量较高的乙醇和水之外,由原料和工艺带来的含量不同的其他有机物质形成了白酒不同的香型。常见的酱香型白酒为贵州茅台、习酒和四川郎酒等;常见的浓香型白酒为江苏洋河、四川五粮液、泸州老窖、剑南春等;常见的清香型白酒为山西汾酒和北京牛栏山二锅头;常见的米香型白酒为桂林三花酒;兼香型白酒是具备以上两种以上香型的酒,代表酒类为西凤酒和白云边等。

2．白酒为什么越陈越香?

新酿造的白酒因其含有发酵过程中含硫蛋白等物质降解产生的硫化氢、硫醇、硫醚以及少量的丙烯醛、丁烯醛和游离氨等导致其入口暴辣,新酒经过一到三年的陈酿后酒体逐渐变得绵软柔和。这个经过贮存以增加白酒口感的过程称为老熟或者陈化过程。

白酒陈化过程增加其口感的原因目前还不是很明确。综合各类研究,目前主要原因有"缔合说""酯化说""氧化说""溶出说"和"挥发说"等。"缔合说"指白酒中乙醇和水的缔合作用是白酒口感不同的主要原因。乔华等综述了关于白酒中乙醇和水的缔合作用的研究,综合来看,一部分专家研究成果表明白酒中乙醇的浓度不同导致乙醇和水的氢键缔合强度和方式不同。Nose通过对威士忌酒的研究表明，橡木桶中浸提的有机酸和酚类物质对酒中的氢键缔合强度影响很大，和贮存时间没有关系。结合现有的研究成果和白酒贮存时间越长口感越好的事实，我们可以猜测，在白酒贮存过程中低沸点物质挥发、溶解氧氧化、酯化、水解平衡、分子间弱相互作用以及贮存容器表面活性中心的参与等综合作用，导致乙醇和水的缔合形式发生变化从而优化了白酒的口感。"酯化说"指白酒在贮存过程中因为溶解氧的作用导致醇氧化为醛，醛继续氧化为酸，酸可以和醇反应生成酯，所生成的酯的香味使白酒的口感变好。大量的研究证实，在白酒贮存的过程中，总酯的含量确实在升高。"溶出说"指不同的存贮容器对白酒陈化老熟的作用，白酒在贮存时能溶解少量陶坛中的微量离子，这些微量离子能够催化白酒贮存过程中的各种化学变化从而加快白酒的陈化并提升口感。大量的研究已经证实，瓮装白酒中的金属离子含量远远大于其贮存初期的含量，而西方传统上用橡木桶贮存陈化酒可能是橡木中的溶出物起到了一定的催化作用。"挥发说"指新酒中引起辛辣刺激的硫化氢、硫醇、硫醚、丙烯醛、丁烯醛和氨等物质在贮存过程中逐渐挥发后使酒的口感逐渐提升。研究表明，透气性较好的瓮是陈化白酒比较好的容器，而西方用橡木桶贮存陈化酒也有利于刺激性的易挥发物质的减少。综合来看，白酒陈化后口感变好主要是白酒中的微量化合物经过化学变化的结果。

3．酒在人体内的消化原理是什么？

各类酒中，除了主成分酒精以外，还含有其他物质。例如，啤酒中还含有蛋白质、肽类、氨基酸、糖类等，红酒中含有白藜芦醇、原花青素、黄酮、木脂素及鞣酸等。这些物质在体内都有自身的代谢方式，它们可以为人体提供能量，维持并调节体内各种平衡。

白酒中除了水以外，主要物质是酒精。酒精化学名为乙醇，能够在胃肠中快速被吸收进入血液。除了少数乙醇可以通过呼吸和尿液排出体外，大部分进入人体内的乙醇依靠肝脏进行代谢。乙醇首先在肝脏中乙醇脱氢酶的作用下生成乙醛，乙醛继续在肝脏中乙醛脱氢酶作用下生成乙酸，乙酸在肝脏中继续被氧化为二氧化碳和水，该过程中释放大量的能量，因此，乙醇是纯热量物质。如果人体内乙醛脱氢酶功能偏低时，饮酒后乙醛就会在体内暂时累积，而乙醛会导致人面红耳赤、头晕目眩和心跳加速，严重者会引起肝损伤。研究表明，大约50%的蒙古人种（黄种人）都存在酒精代谢基因缺陷导致的乙醛脱氢酶功能低下的状况。酒后面部表现赤红的症状被称为"亚洲人脸红综合征"，因此酒后脸红的人不适宜大量饮酒。

即使体内乙醇脱氢酶和乙醛脱氢酶处于正常的情况下也应该限制酒精的摄入量，乙醇代谢过程中会造成维生素等营养成分的缺失进而导致肝脏内氧自由基量的升高，肝脏内的氧自由基能影响肝脏的代谢能力并诱发肝脏各类病变。2010年世界卫生组织报告指出，全球有20亿饮酒者，每年大约250万人因饮酒导致死亡，饮酒已经成为全球健康危害的第三大风险因素。中华医学分会《酒精性肝病诊疗指南》中指出，大于五年饮酒史，且每天乙醇摄入量大于40g，或者两周内有大量饮酒史，且每天乙醇摄入量大于80g，则被判定为患有酒精性肝病。这里的乙醇摄入量是饮酒量乘以乙醇含量再乘以0.8得到的值。

乙醇在肝脏中代谢时会消耗大量的氧气。虽然酒后身体也会通过心跳加快和呼吸变促以增加肺部的氧气摄入量，但是这并不能抵消肝脏在氧化乙醇时的额外氧气需求，因此此时其他器官的供氧就会受到影响。当大脑的供氧不足时，人的各种行为就会出现变化，如酒后胡话、不能正常走路、头晕和嗜睡等都是因脑部缺氧引起的。

4．酒类调味的原理是什么？

我们在烹饪时尤其是在一些肉类食物的烹饪时习惯性地加入料酒以去除肉类中的腥臊味。一般的科学解释为，一些鱼类或者牛羊肉之所以具有一定的腥臊味是因为其中含有一些易挥发的胺类物质，这些胺类物质属于极性的挥发性分子，烹饪这些食材时加入一定量的料酒能够让这些胺类物质快速地溶解在料酒中并随着酒精的挥发而逸出。因此，虽然我们在烹饪过程中能够闻到一定的腥膻味，但是经过料酒作用后的熟食味道要淡很多。当然，料酒中的糖分和氨基酸也能够起到一定的增鲜和提味的作用。

5．啤酒、黄酒和红酒有哪些区别？

酿造酒是谷物或者水果等经过发酵，直接过滤得到的酒（非蒸馏酒），一般乙醇的含量在4%～18%（体积比）之间。未经蒸馏的酒中含有酿酒原料带来的各类物质，如啤酒和黄酒就是酿造酒家族的成员，葡萄酒也是酿造酒。酿造酒经过蒸馏后得到蒸馏酒，当然，市售的部分"酿造酒"是蒸馏酒经过勾兑后形成的具有一定口感的商品。从这个角度来讲，啤酒、黄酒和葡萄酒的区别就是其原料分别是大麦、稻米和葡萄。

参考文献

［1］乔华，张生万，王浩江，等. 白酒中乙醇－水缔合作用的研究进展［J］. 酿酒科技，2014，3，77～80.

［2］乔华. 白酒陈化机理研究及应用［D］. 山西大学博士研究生毕业论文，2013.

［3］高冬梅，靳淼. 白藜芦醇的合成方法综述［J］. 化学与黏合，2019，41（3），220～223.

［4］李国远，郭煜，罗正亮，等. 白藜芦醇抑制骨肉瘤细胞侵袭的实验研究［J］. 国际骨科学杂质，2019，40（3），171～177.

［5］曹薇，杨媞媞，李荔，等. 中国2010～1012年15～17岁人群饮酒状况及影响因素［J］. 中国学校卫生，2017, 38（9), 1296～1298, 1302.

［6］张洁. 酒精性肝病患者膳食摄入量与饮食行为调查及炎性水平分析［D］. 青岛大学硕士研究生毕业论文，2018.

［7］马冠生. 美酒虽好还需要适量［J］. 中国食品药品监管，2018, 2, 78～80.

［8］吴亚男. 有一种脸红叫做"亚洲人综合征"［J］. 心血管病防治知识（科普版），2018, 12, 43～45.

［9］赵丹阳，段徐彬，王丽蕊. 肝肠相照：酒精肝与肠道微生态紊乱［J］. 科学，2019, 71（1), 31～35.

［10］李健. 料酒不是什么菜都能用［J］. 决策探索（上半月），2015, 4, 87.

［11］雅晶. 这些炒菜坏习惯你有吗［J］. 江苏卫生保健，2019, 1, 45.

［12］张翼. 黄酒中矿质元素的测定及研究［D］. 浙江大学硕士研究生毕业论文，2008.

醋

醋是厨房中常见的调味料，是粮食、果实、酒类和糖类物质经过发酵后生成的酸味饮品。醋的酸味的来源主要是醋酸，其中以水果或者水果加工边角料为原料酿制的醋酸饮料称为果醋。一般酿制醋带有一定的颜色，经过蒸馏去除颜色的醋称为白醋，因此白醋可以看成经过一定程度提纯后的食醋。

1. 醋的生产工艺

由粮食酿造醋的过程是发酵的过程。简单地说，霉菌将淀粉、半纤维素、蛋白质和脂肪等水解为低聚糖、可发酵糖、多肽、氨基酸、脂肪酸和甘油，可发酵糖在酵母菌作用下转化为酒精，醋酸菌等细菌能将酒精氧化为醋酸，同时一系列的伴生菌能氧化淀粉、麦芽糖和葡萄糖等生成各类有机酸。

苏敬东通过对传统酿醋过程的醋醅微生物进行研究，研究结果表明，在整个发酵制醋阶段醅料中存在着乳酸菌、酵母菌、霉菌和醋酸菌的剧烈活动，其中第1～10天主要为酒化、糖化阶段，该阶段主要是淀粉转化为糖并继续转化为酒精的过程；第10～23天主要为醋酸发酵阶段（醋化阶段），该阶段主要是醋酸菌和乳酸菌将酒精转化为醋酸的过程；第23～28天为熏醋的后熟阶段，该阶段由于酸的累积导致大部分微生物被严重抑制甚至死亡，因此虽然酒化、醋化和糖化都已经停止，但是酸、醇、酮、酚、醛和酯等各种风味物质的转化还在继续进行。

酒化过程主要是酵母菌的作用。酵母菌是兼性厌氧菌，在缺氧条件下能将葡萄糖发酵为酒精和二氧化碳，在有氧情况下进行氧呼吸，此时将葡萄糖彻底氧化为二氧化碳，因此酒化过程中需要密封。而醋酸菌是一种需氧型细菌，因此醋化过程中无需密封。

食醋的色泽主要是与醋酸菌伴生的芽孢杆菌作用的结果。芽孢杆菌能将络氨酸转化为醌类物质，这类物质经过脱水、聚合等一系列的化学反应转化为黑色物质。也有研究表明，芽孢杆菌能将色氨酸转化为吲哚，吲哚和活泼的醛类物质反应生成一系列的有颜色的化合物。

2．醋的生理活性

《本草纲目》等传统中医药典中都提到食醋具有消暑去燥、滋阴补虚、祛湿排毒、健胃消食、解酒醒酒、杀菌消肿等功能。近现代的科学研究表明，食醋具有缓解疲劳、调节人体酸碱平衡、抗菌抗病毒、降血脂、降血压、降胆固醇、预防肥胖、抗氧化和抗衰老等功能。需要说明的是，在粮食发酵生产食醋的过程中同时会生成一定的乳酸、苹果酸、琥珀酸等酸性物质，这些酸性物质和醋酸总称为食醋中的总酸。作为功能性保健品，果醋中的总酸含量（5%～8%）比食醋低，因此其抗菌等活性降低，但是因各类水果中含有各类有机物质，因此果醋也表现出了一定的生理活性。例如韦云路等通过研究表明南瓜醋具有很好的抗氧化活性；徐世林等通过小鼠实验研究表明，石榴保健醋具有降低空腹血糖、总胆固醇和甘油三酯含量，以及能升高胰岛素敏感指数和改善糖和脂代谢的功能；田程飘等研究醋泡生姜液后发现醋能够提高生姜的抗氧化活性和抑菌性；杨玉霞通过研究发现百香果醋的抗氧化活性比百香果汁、百香果酒和苹果醋都要高。因此，除了诸如具有胃病等疾病的遵医嘱不适宜食用食醋的人群之外，绝大部分人的饮食中添加一定量的食醋对身体都具有一定的好处。

3．醋的其他用途

烧水壶、淋浴头和饮水机中沉淀的水垢可以和醋酸发生化学反应而被去除。水垢中的主要化学成分是碳酸钙和氢氧化镁等。碳酸钙和醋酸反应生成醋酸钙、二氧化碳和水；氢氧化镁和醋酸反应生成醋酸镁和水。醋酸钙和醋酸镁都能溶解在水中而被冲洗掉，因此厨房中的食用醋可以洗去各类水垢。

因食醋具有一定的抗菌和抑菌作用，因此家庭的厨房和卫生间可以用食醋进行消毒。为了防止食醋中的有色物质污染被消毒对象，我们可以选择白醋喷洒使用。

参考文献

［1］赵德安. 传统酿醋工艺特性浅析［J］. 江苏调味副食品，2004，21（5），1～4，14.

［2］苏敬东. 传统酿醋过程中醋醅微生物时空动态变化规律研究［J］. 甘肃科技，2011，27（18），70～71.

［3］韦云路，李璐，李全宏. 南瓜醋的澄清工艺及其抗氧化活性研究［J］. 中国酿造，2018，37（10），31 ~ 35.

［4］许世林，李佳川，何晓磊，等. 响应面法优化十六保健果醋发酵工艺及其降糖降脂活性［J］. 中国酿造，2019，38（3），99 ~ 103.

［5］田程飘，朱伟伟，宋雅玲，等. 生姜和醋泡生姜抗菌、抗氧化和肿瘤活性比较研究［J/OL］. 食品工业科技，http://kns.cnki.net/kcms/detail/11.1759.ts.20190306.1333.052.html

［6］杨玉霞. 百香果全果制备果醋的工艺及其抗氧化活性研究［D］. 大连工业大学硕士研究生论文，2018.

第十二节

酱油

　　根据中华人民共和国食品安全国家标准GB 2717—2018的定义，酱油是以大豆/或脱脂大豆、小麦和/或小麦粉和/或麦麸为主要原料，经微生物发酵制成的具有特殊色、香、味的液体调味品。其氨基酸态氮的含量应高于0.4g/100mL。

　　酱油原产于中国，其起源时间有周、汉和宋三种说法。《尔雅·释名》中就有"酱，将也。制饮食之毒，如将之平祸乱也"的记载，此处的酱就是酱油的前身。古人在腌制动物肉类和豆类食品时，高盐分的环境导致部分微生物（如米曲霉、耐盐性酵母菌和耐盐性乳酸菌等）能够将食物中的蛋白质分解为氨基酸和肽类物质，这些物质经过复杂的生物化学反应生成具有一定香气、口感和色泽的物质而增加了食物的美味。这种处理方式逐渐演变为各类酱的制作方法，在生产酱的方法基础上逐渐形成了传统的酱油制备方式。

在酱油发酵生产过程中会产生三百余种物质，其中各类游离氨基酸、核苷酸等是其鲜味的主要来源。除了鲜味之外，酱油味感丰富，包括酸、甜、咸和苦等，其中鲜味最为突出，因此很多民族都有通过腌制发酵生产鲜美食品的习惯。在高盐发酵基础上产生的酱油是一种优良的食物调味剂。研究表明，市场上合格酱油产品中每100mL中含有的氨基酸态氮含量在0.8～1g。酱油中还含有原料中以及发酵过程中所产生的维生素、矿物质、异黄酮类和呋喃酮类等活性物质，因此酱油也是一种营养物质。需要说明的是，一匙10mL左右的酱油中大概含1.5～2g的盐（氯化钠），因此人体摄入3～4匙左右的酱油就达到了人体每日需要摄入盐的量（盐的摄入量每人每天推荐应少于6g）。虽然酱油中含有一定的盐分而具有较长的保质期，但是研究表明随着储存时间的延长，酱油中的小分子肽会逐渐聚合为多肽，这种由小分子肽向多肽转变的过程会影响酱油的口感以及消化，其营养价值也逐渐降低。

1. 酱油的分类

在我国，酱油常分为两类：一类是以大豆等为原料经过米曲霉等微生物发酵而成的酿造酱油，酿造酱油按照酿造的工艺不同，又可以分为低盐固态酿造酱油和高盐稀态酿造酱油。低盐固态酿造酱油是以大豆和小麦为主要原料，经过蒸煮（去除杂菌）、制曲后拌入盐水制成固态醅，经过固态发酵后生成酱油，该酱油颜色较深，口感风味较差；如果在制曲后拌入盐水的同时加入稀醪后发酵生产的酱油则是高盐稀态酿造酱油，这类酱油一般为浅红褐色，香味浓郁，口感较佳。需要说明的是，低盐固态酿造酱油的"低盐"是相对于"高盐"而讲的，在低盐固态发酵过程中酱醅中食盐的含量也在6% ~ 7%。酿造酱油中以黄豆和面粉为原料直接酿造提取的酱油称为生抽，生抽中加入焦糖色后则生成老抽。生抽较咸，老抽主要是着色作用。另一类是以酿造酱油为主要成分，添加酸水解蛋白调味液和食品添加剂等调配而成的配制酱油。根据中华人民共和国国内贸易行业标准SB/T 10336—2012规定，配制酱油中的酿造酱油含量（以全氮计）不得少于50%。目前中国市场上酿造酱油仅占10%左右，其余主要是配制酱油。配制酱油中的添加剂成分应该符合中华人民共和国食品安全国家标准中《食品添加剂使用标准》（GB 2760—2014）的相关规定。例如毛发中含有97%的角质蛋白，角质蛋白在酸的作用下可以水解为氨基酸，由毛发降解生成的氨基酸溶液是不允许作为添加剂添加到酱油中的。

2. 酱油的错误认识

在中国民间有伤口愈合期间不能食用酱油的说法，传说酱油能使伤口愈合时产生深颜色的疤痕。其实皮肤愈合期间是否产生疤痕与疤痕的深浅和损伤的程度、细菌感染以及每个人的个体差异都有关系。当细菌等微生物感染人体伤口时，身体会局部生成炎性介质以激活免疫应答，这些炎性介质同样会刺激黑色素细胞导致局部色素沉着，而酱油的成分并不会刺激人体黑色素细胞，所以通过消化道摄入的酱油导致人体局部色素沉着的说法是没有任何科学性的。

参考文献

［1］李颖. 酱油变黑变质的真相［J］. 中国质量万里行，2018，10，62 ~ 63.

［2］赵佳瑶. 基于介电特性的酿造酱油与配制酱油鉴别方法的研究［D］. 西北农林科技大学硕士毕业论文，2018.

［3］孙言. 基于挤压技术的白汤酱油酿造及其品质分析［D］. 江南大学硕士毕业论文，

2018.

[4] 赵德安. 我国酱油酿造工艺的演变与发展趋势 [J]. 中国酿造, 2009, 9, 15 ~ 17.

[5] 胡嘉鹏. 关于酱油生产技术的文献史料（上）[J]. 中国调味品, 2004, 7, 3 ~ 6.

[6] 刘非. 基于GC-MS的酱油风味物质分析 [D]. 天津科技大学硕士毕业论文, 2017.

[7] 王鹏, 王文平, 续丹丹, 等. 黑豆酱油的开发及其品质分析 [J]. 中国酿造, 2018, 37（10）, 25 ~ 30.

[8] 苏国万, 赵炫, 张佳男, 等. 酱油中鲜味二肽的分离鉴定及其呈味特性研究 [J]. 现代食品科技, 2019, 35（5）, 7 ~ 15.

[9] 詹春阳. 利用低值鱼生产海鲜发酵酱油的研究 [D]. 天津科技大学硕士毕业论文, 2017.

[10] 袁尔东, 常博, 陈志锋, 等. 酿造酱油储藏期间呈味分子变化研究 [J]. 中国调味品, 2019, 44（4）, 1 ~ 10.

筷子

筷子在中国已经有三千多年的历史了，《韩非子·喻老　第二十一》中就有"昔者，纣为象箸而箕子怖"（过去，纣用象牙筷子，箕子觉得可怕）的记载。一般认为筷子是古人用竹条（类似于镊子原理）夹食物发展而来的。

筷子因为共餐制而增加了疾病传播的风险。共餐制是中国长久以来形成的一种饮食文化，有报道称其起源于魏晋时代。在魏晋之前，受等级制度、传统礼教和生产水平等影响，无论是王公贵族还是平民百姓，用餐的方式都是分餐制，魏晋以后，随着文化融合、经济水平发展等影响，共餐制逐渐萌芽。宋代时期共餐制已经成为社会主流用餐形式，明清时期在中国大部分地区共餐制已经全部取代了分餐制。在共餐过程中，人们在用筷子夹取食物时很容易将自己筷子上的残留物传递给他人，这个过程极其容易传播病原微生物。例如我国20～40岁人群中幽门螺旋杆菌感染率为45.4%～83.4%，70岁以上感染率为78.9%，而甲肝病毒感染率高达80.9%，这两种致病菌都容易通过共餐的筷子进行传播。另外诸如手足口病等也可以通过共餐的筷子进行传播。因此对于生活中常见的筷子及其使用，我们有必要科学认识。

1．家用筷子的卫生

夏天或者南方梅雨季节里家里的木（竹）筷子经常会发霉，多种霉菌都能够产生发霉现象，不同霉菌在生存过程中产生的代谢产物的毒性也不尽相同，因此筷子的定期消毒就显得很重要。保持筷子干燥是避免霉菌滋生的有效方法，因此家用筷子储藏盒应该放置在通风环境中，同时底部应该有出水孔以避免存水，当筷子上具有裂缝容易残留食物残渣时应及时更换。

需要说明的是，筷子上的霉菌并不等同于黄曲霉菌，黄曲霉菌产生黄曲霉素需要合适的湿度、温度、酸碱度和营养物质，而容易生长黄曲霉素的食物有大米、花生和玉米等，因此发霉的筷子并不能产生致癌的黄曲霉素。

从防止发霉的视角看，金属筷子和塑料筷子是相对比较卫生的。

2．筷子的选择

市场上销售的家用筷子大致可以分为木（竹）筷、金属筷和塑料材质的筷子。木（竹）筷在生产过程中为了使表面光滑和防霉，大部分生产企业都会给重复使用的筷子涂上油漆层。我国尚未有专门用于生产筷子的专用漆，一般筷子的涂漆都是常规的家具用漆，即使风干后的油漆涂层内也有可能含有挥发不完全的有机溶剂，当筷子接触温热食物时可能会造成溶剂的释放和转移。油漆本身经过高温后也可能释放出有机小分子物质。有文献报道具有涂层的筷子表面的重金属含量的研究结果，部分涂层的总铅、铬等重金属含量超标。这种因油漆涂层带来的重金属污染也应受到重视。

金属筷子因其表面光滑、颜色美观、清洗容易和不易发霉等优点而备受部分人的喜欢，金属筷子的材质大部分是钢，为了减缓或防止钢材生锈，在钢材的表面镀上一层耐腐蚀膜是绝大多数金属筷子厂家应用的技术。研究表明，不锈钢筷子表面的重金属含量远远大于木筷的涂层，有文献报道金属筷子表面涂层的铅、镉等重金属含量竟然分别高达五十万毫克每千克和十二万毫克每千克（数字来源于参考文献［4］）。经过模拟唾液和柠檬酸提取液迁移实验，部分金属筷子会导致人体摄入重金属量超标。

绝大多数塑料筷子的成分是密胺类高分子材料，其合成原料为甲醛和三聚氰胺，该材料可能会残留甲醛和三聚氰胺单体。很多研究表明，甲醛对人体的肾脏、肝脏、内分泌和血液系统都有一定的伤害作用，多起白血病案例也证明和过量摄入甲醛有关。

对于一次性筷子的使用方面，中华人民共和国国家标准GB 19790.1—2005和GB 19790.2—2005中关于一次性木筷和竹筷的规定是：二氧化硫浸出量（以SO_2计）应≤600mg/kg，霉菌检出量≤50cfu/g，不允许检出大肠杆菌和致病菌。中华人民共和国国家标准GB/T 24398—2009规定：以稻秆、麦秆、玉米秆、甘蔗渣、稻壳、花生壳等农作物纤维或竹、木等纤维经过加工制成的植物纤维一次性筷子，不允许使用未经去污染处理和失效变质、霉变、有毒有害和回收再生材料，荧光增白剂也在禁止添加行列。鉴于国家标准中允许残留部分二氧化硫的规定，部分一次性生产厂家为了使筷子美观采用二氧化硫漂白工艺生产一次性筷子，二氧化硫除了能够漂白筷子之外，还具有防腐等作用，但是二氧化硫为刺激性的有毒气体，长期接触会对人体产生一定的伤害。

文献报道早在2013年，我国每年生产的一次性筷子就超过了800亿双，相当于要砍伐2000万棵生长20年的大树。因此我们应该尽可能少选择一次性筷子作为进餐工具。上海已经立法规定餐馆不得主动为顾客提供一次性餐具以减少浪费和污染。

参考文献

［1］史晓菲. 案板和筷子发霉了必须换？［N］. 消费日报，2017，9，12，A01.

［2］郭娟，崔桂友. 公筷公勺制对公众健康隐患的防御及推广措施［J］. 南宁职业技术学院学报，2019，24（3），16～19.

［3］张立美. 禁用一次性餐具配套措施要跟上［N］. 中国商报，2019，6，27，P02.

［4］禄春强，孙衍，沈霞. 筷子安全危害分析［J］. 食品安全质量检测学报，2019，10（12），3679～3682.

第十四节

案板

　　案板（砧板）是以竹、木、塑料和金属等各类材质制成的垫放在桌（案）上、火台面上以便切、砸或锤东西的板子，家用的案板主要是供切菜（肉）使用。

　　对于案板（砧板）的国家标准尚未出台，根据浙江制造团体标准《竹砧板》（T/ZZB 0412—2018）和《生物质材料复合砧板》（T/ZZB 0872—2018）中规定，二氧化硫浸出量（以SO_2计）$\leqslant$30mg/kg，甲醛迁移量$\leqslant$1.0mg/dm^3，噻苯咪唑、邻苯基苯酚、联苯和抑霉唑等防霉化学物质含量均$\leqslant$10mg/kg，霉菌含量$\leqslant$20cfu/mL，各类致病菌均不得检出，砧板使用的胶黏剂中游离甲醛含量应$\leqslant$0.5mg/kg。叶劲松等对合肥菜市场肉砧板表面微生物污染的调查结果表明，绝大部分砧板的菌落总

强的杀菌作用，因此建议经常将家用抹布晾晒在阳光直射的地方进行杀菌消毒。

高温能杀死绝大多数致病菌，因此经常高温烫洗是保持抹布干净的有效方法。研究表明，将抹布浸泡在100℃开水中2min即可杀死抹布上绝大多数的致病菌，家用微波炉产生的高温也是抹布消毒的有效方法。另外，家用各类消毒液、84消毒水和食盐水等都可用于抹布消毒。

4．家用抹布材质的选择

市场常见的抹布材料可分为棉麻制品、化纤制品和混纺制品三种。天然棉麻因其组成主成分为植物纤维而具有很好的吸水/油性，植物纤维经过反复高温、紫外线老化和长时间使用都不会产生对人体有害的小分子，因此棉麻制品是家用厨房抹布的首选材质。

以涤纶和锦纶为代表的化纤布是市场上常见的抹布制作材料。涤纶是以对苯二甲酸和乙二醇为原料聚合而成的材料（PET）；锦纶又称尼龙，是各种聚酰胺材料的总称，他们都属于化学合成高分子材料。这些材料经过长时间反复高温、紫外线照射和自然老化过程中会逐渐降解并释放出小分子单体，虽然这些材质的单体都属于低毒或无毒品，但这类抹布建议不要使用过长时间。

参考文献

［1］苏亮．"小抹布，大问题！"点燃我国洗碗机燎原之火［J］．家用电器，2011，10，56～57．

［2］冯晋，李冬，阎爱丽，等．饭店使用抹布中细菌污染情况调查［J］．中国公共卫生，2005，21（11），1382．

［3］李剑，刘力健，毕延光．金乡县城乡早晚饮食摊点抹布的致病菌污染调查分析［J］．医学动物仿制，2005，21（5），331～332．

［4］颜黎美，刘凤霞. 曲阜市早点、夜市食品摊点抹布的细菌污染状况调查［J］. 医学动物仿制，2002，18（11），635 ~ 636.

［5］陆冬磊. 上海市居民家庭厨房卫生状况调查研究［D］. 复旦大学硕士毕业论文，2012.

家庭厨房中常见的锅为铝制、铁制和不锈钢制等材料制成，分别应用于煎炒和蒸煮等烹饪中。金属材质的锅内壁涂上一层特殊材质就制成了不粘锅，对与和锅有关的材质我们需要认识和思考哪些问题呢？

1. 铝锅

金属铝因其密度小、导热能力强和具有抗氧化膜等特点而成为各类锅的制备材料，铝锅具有轻便、耐用、加热快、导热均匀和不生锈等特点。中华人民共和国国家标准《铝及铝合金不粘锅》（GB/T 32388—2015）中铝制食品器具容器的卫生标准中规定：铝制食品器具的醋酸浸泡液中锌的含量应小于1mg/L；铅含量应小于0.2 mg/L；镉含量应小于0.02 mg/L；砷含量应小于0.04 mg/L。因此并不是所有的铝材都适合制备铝锅，如添加了铅、镉和砷元素的铝合金就不适合作为铝锅的制备原料。对于适合制备铝锅的铝金属中汞、铬、锑、铊、铜和锰等有毒金属的含量在国标中并未明确规定，但是对于添加了此类有毒害元素的铝制锅具应该慎重选择。

以铝锅为代表的生活中广泛存在的铝制品是人体摄入铝元素的最主要来源。研究表明，人体平均每日摄入大约20mg的铝。绝大多数的铝是以铝离子（Al^{3+}）的形式被人体吸收，并可在人体中长期滞留，铝离子能够毒害神经造成阿尔兹海默病和帕金森症。因此运用铝锅烹饪时应该考虑到铝及其表面氧化铝膜的性质以尽量防止铝离子向食物中转移。国外研究表明，用铝锅煮西红柿汤时，每公斤西红柿能够将大约3 mg的铝转移到食物中；酸性的中药大黄腐蚀铝的量为10mg/kg。吴永炘等通过研究表明，铝锅能耐pH值4~8的水（弱酸性到弱碱性之间）的腐蚀，强酸和强碱对铝锅的腐蚀较强。短时间加热的食盐和酱油水对铝锅的腐蚀较为轻微，但是长时间接触时，酱油水对铝锅的腐蚀速度是食盐水的十几倍。醋酸能够快速腐蚀铝锅造成大量的铝离子向食物中迁移。自来水中的微量电解质因对铝能形成吸氧/析氢腐蚀从而将金属铝转移到水中生成三价铝离子。新的铝锅在盛放自来水超过24h时，水中铝离子的含量可达到0.22mg/L，该数值超过我国对生活饮用水国家标准中规定的0.2 mg/L铝离子的最高限定（GB 5749—2006）。如果铝锅盛放10%的食盐水超过24h时，水中铝离子的含量将超过10.8 mg/L。该研究表明，在厨房中尽可能不用铝锅炒/烧菜和长时间存放剩菜。

不锈钢锅和铝锅在熬煮中药时，中药中的有机酸和生物碱等容易与不锈钢和铝发生化学反应，在使有机物质变质的同时导致铁和铝溶解转移到药液中。绿豆皮中含有的单宁酸遇到铁后能发生络合反应生成黑色的单宁酸铁，从而影响绿豆汤的味道和营养物质的吸收。铝及其表面的氧化铝膜抗酸碱腐蚀性较差，因此铝锅的适用范围仅仅是作为普通烧水和蒸煮餐具。

新的铝锅表面呈漂亮的银白色，铝在空气中会被氧气缓慢氧化为三氧化铝，三氧化铝在铝表面形成一层致密的氧化膜，其能保护铝不被进一步腐蚀和氧化。旧的铝锅因为金属表面的氧化以及活泼铝接触到含铁离子的物质时置换出铁金属等化学反应而呈现黄色甚至是黑色，这层具有颜色的膜是良好的保护层。如果经常用钢丝球或者其他粗硬物品磨掉这层氧化膜时，暴露出来的新的金属铝容易通过各类反应转移到食物中，因此经常擦洗铝锅容易加速其腐蚀并对人体健康不利。

2．不锈钢锅

不锈钢因其具有优良的耐腐蚀性而广泛成为各类餐具的制备材料，食品安全国家标准《食品接触用金属材料及制品》（GB 4806.9—2019）中明确规定了食品接触金属表面的要求：关于金属材料及制品中食品接触面使用的金属基材、金属镀层和焊接材料不应对人体健康造成危害，不锈钢食具容器及食品生产经营工具、设备的主体部分应选用奥氏体型不锈钢、奥氏体·铁素体型不锈钢、铁素体型不锈钢等不锈钢材料。其对砷、镉、铅、铬和镍元素的迁移指标都做了具体的规定和要求。为了防止重金属迁移，国标中还规定了金属材料和制品中，食品接触面未覆盖有机涂层的铝和铝合金、铜和铜合金，以及金属镀层不得接触酸性食品；未覆盖有机涂层的铁基材料和低合金钢制品不得长时间接触酸性食品。因此，各类不锈钢材料中添加的重金属是我们必须了解的科学常识。

奥氏体型不锈钢中铬含量约18%、镍含量约10%；铁素体型不锈钢中铬含量在15%～30%，但是不含镍。这两种类型的不锈钢都含有少量的钼、钛和铌等重金属，且这两类钢材表面都具有抗氧化和耐酸性，因此可以成为家用炊具的原料，符合国家标准的炊具都可以放心使用。但和铝制锅具一样，不锈钢锅也不宜长时间盛放菜肴。

3. 不粘锅

由于铝锅不适合做炒锅，而铁锅因其导热性较差导致其温度不均一而容易将食物烧糊，因此将各类锅底涂上不粘涂层便是方便实用的不粘锅。常见的不粘锅涂层是特氟龙涂层和陶瓷涂层，特殊工艺的铁锅和不锈钢锅也能够起到不粘的效果。

特氟龙化学名为聚四氟乙烯，是一种耐高温、耐腐蚀、高润滑、不黏性和无毒害的高分子材料。聚四氟乙烯的熔点高于320℃，该温度远远高于烹饪时的温度（一般小于250℃）。有研究表明，聚四氟乙烯在300℃加热时会产生微量的热解产物，因此，聚四氟乙烯不粘锅不适合煎炸食物。总体来讲，聚四氟乙烯是一种安全的不粘锅涂层材料，但是聚四氟乙烯的耐磨性和黏结性较差，因此涂有聚四氟乙烯材料的不粘锅应该避免硬物刮擦以防止脱落。

任何一种高分子材料都会随着时间的延长和反复高温等因素而逐渐降解，因此具有聚四氟乙烯涂层的不粘锅也不是永远安全的。排除聚四氟乙烯涂层降解释放有毒物质因素之外，当有机涂层因摩擦等原因受到破坏时，涂层下的金属会直接接触食物可能引起重金属迁移。例如寇海娟等研究表明，当有机涂层磨损后重金属迁移量会大大增加。因此，聚四氟乙烯不粘锅在使用一段时间后最好更换。

陶瓷涂层不粘锅较聚四氟乙烯涂层不粘锅更加耐磨和安全。陶瓷是指用天然或合成化合物经成型和高温烧结制成的一类无机非金属材料，它具有高熔点、高硬度、耐磨、耐氧化和耐酸等特点，常见的陶瓷属于典型硅酸盐材料。在烹饪过程中陶瓷不易产生对人体不利的毒害物质，只要从技术上能够做到涂层紧密无缝隙，不易龟裂的均匀陶瓷膜则不失为不粘锅的最佳选择。

4．铁锅

铁锅从材质上讲可分为生铁锅和熟铁锅。生铁是含碳量大于2%的铁碳合金，工业生铁因为冶炼和矿石的原因可能含有硅、硫、锰和磷等元素。熟铁是生铁精炼后的较纯的铁。理论上，在炒菜过程中铁锅的铁元素会转移到菜肴中，但是没有任何研究表明使用铁锅炒菜能起到一定的补铁作用。

参考文献

［1］吴永炘，许淳淳，罗建忠. 家用铝锅在水、食盐、酱油和醋的水溶液中腐蚀行为的研究［J］. 腐蚀科学与防护技术，1997，9（1），24～28.

［2］于艳坤. 不锈钢与PTFE不粘锅腐蚀磨损性能及重金属迁移的研究［D］. 青岛理工大学硕士毕业论文，2017.

［3］许盼盼. 不粘锅陶瓷涂层摩擦学性能研究［D］. 青岛理工大学硕士毕业论文，2017.

［4］寇海娟，茅辰，商贵芹，等. 聚四氟乙烯不粘炊具中毒害物质前一行为分析［J］. 食品安全导刊，2017，12，148～150.

碗

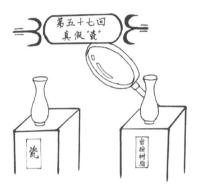

碗是家庭厨房常见的餐具，传统的碗主要是陶瓷制品（关于陶瓷我们将在以后单独讨论）。随着科技的发展和新型材料的面世，市场上出现了越来越多的非陶瓷制品的碗。制备碗的新型材料大致可以分为搪瓷类、仿瓷类和塑料类三种，我们在选择时应该了解其材料的组成和科学使用方式。

1．搪瓷碗

搪瓷是将无机玻璃质材料通过熔融凝于金属上并与金属牢固结合在一起的一种复合材料，其本质是一种瓷化或者玻璃化的无机薄膜，以加热熔化的方式附着于金属表面。搪瓷材料广泛应用于家用餐具、洗漱用具和电器方面。搪瓷的表面玻璃纸材料本质上属于陶瓷的范畴。1956年以前瓷釉主要是锑釉，这种釉料遮盖能力差、光泽度低、白度低、瓷面质量差，而之后的钛釉因其遮盖力强、瓷面光洁细腻等优点逐渐替代了锑釉。此外，近年来各类不同用途的釉料层出不穷。

在搪瓷釉料中，二氧化硅占很大比例（一般超过50%），二氧化硅的作用主要是提高熔融温度、提高釉的黏度（降低熔融流动性）、增加化学侵蚀力、增加釉的机械强度和硬度、降低釉的膨胀系数等；釉料中的氧化铝能增大釉的光泽度，含量一般在10%以内；釉料中的氧化硼能提高搪瓷的光泽度、细腻度和弹性；釉料中的氧化钙能增加釉的硬度、增加酸的抗侵蚀性、降低膨胀系数（增加抗折强度）；釉料中的氧化钠（或氧化钾）属于助溶剂；釉料中少量氧化锌也具有助溶作用。釉料中其他的过渡金属/重金属氧化物也对釉料的性能起到关键作用。

我国国家标准《关于接触食物搪瓷制品》（GB/T 13484—2011和GB 4806.3—2016）要求：铅的含量＜0.1mg/L；镉的含量＜0.05 mg/L。其他重金属含量在接触食品的包装品的相关国标规定中都做了详细的要求，因此符合国家标准的食品用搪瓷制品可以放心使用。

2．仿瓷碗

仿瓷材料在化学上称为密胺树脂，它是三聚氰胺和甲醛通过高分子缩聚反应生成的一种树脂材料。密胺树脂具有优良的耐水、耐老化、阻燃、耐热、耐化学品腐蚀和绝缘等功能。虽然三聚氰胺和甲醛都对人体具有一定的毒害作用，但是经过缩聚反应后的高分子密胺树脂中单体三聚氰胺和甲醛的含量非常低。我们国家轻工行业标准QB 1999—1994对密胺塑料餐具的甲醛单体迁移量规定为＜2.5 mg/L（4%乙酸，60℃，2h），三聚氰胺单体迁移量应＜0.2 mg/L。正常合格的仿瓷碗能够达到相关要求。

薛秀坤等曾研究了先用甲醛和乙醛经过羟醛缩合后产生丙烯醛，然后再和三聚氰胺缩合生成的三聚氰胺类树脂的性能，结果表明该类树脂在100℃下加热2h后检测甲醛的含量为0.44 mg/mL，远远小于国家对于甲醛的迁移释放标准。因此合格的密胺树脂塑料制作的碗可以放心使用。

当然，任何材料都有使用寿命的，密胺树脂在长时间使用后必然会面临老化降解的问题。由于密胺树脂的原料是三聚氰胺和甲醛，因此密胺树脂做的碗在使用一定的年限后理论上应该会逐渐释放出单体甲醛和三聚氰胺。判断老化最简单的办法是当发现碗体出现大量细小裂纹时说明材料出现了一定的降解和老化，此时餐具就应该及时淘汰了。当然，如果有科学严密的检测手段的话，定期检测甲醛和三聚氰胺的迁移量是最佳方法。

由于微波炉加热是没有固定温度的，被加热物品吸收微波能力越强加热的温度越高。有研究表明，微波炉高火（800W）3min后，密胺树脂碗就已经出现变色和破裂现象，此时树脂已经大量裂解并可能释放一定的甲醛和三聚氰胺。因此仿瓷餐具尽量不要用微波炉加热。

由于三聚氰胺价格比较高，将廉价的尿素替代三聚氰胺和甲醛聚合后可以生成脲醛树脂。有报道市场上存在脲醛树脂外涂有密胺树脂层的假冒仿瓷碗，由于脲醛树脂的分解温度远远低于密胺树脂，因此脲醛树脂制备的餐具的甲醛释放量远远高于密胺树脂。但是涂层的存在往往使人不容易分辨材质的真假，市场上尿素的价格远远低于三聚氰胺，所以脲醛树脂的成本也低于密胺树脂，因此我们可以简单地通过价格来判断材料的真假。韩雪飞曾经对开封市市售仿瓷餐具中的甲醛含量做过调查研究，运用国标GB/T 5009.178—2003的检测方法进行检测，结果表明集贸露天市场的仿瓷餐具中51.9%的甲醛释放量达到国家标准，大型连锁超市中81.6%的仿瓷餐具甲醛释放量达到国家标准。赵凯等依照国标 GB 31604.48—2016 的检测方法对网购儿童用仿瓷餐具中甲醛迁移量进行测量，结果表明 25% ~ 30% 的仿瓷儿童餐具（碗、勺子、杯子）的甲醛释放量超标，其中儿童仿瓷碗的超标率最大。因此我们在选购仿瓷餐具时应该认清品牌、各类标识和食品餐具生产许可。

3. 塑料碗

对于塑料制品的碗的选择和使用，我们将在"塑料"一节中单独讨论。需要说明的是，任何符合国家标准可以接触食物的塑料都具有其本身特有的使用期限，并不是符合国家标准的塑料制品就可以永远无限期地使用。随着时间的推移，塑料因老化而释放出毒害物质的概率会逐渐上升。

参考文献

［1］邵瑞梦，张梅，于范芹，等. 三聚氰胺甲醛树脂改性的研究进展［J］. 广东化工，2016，43（24），92 ~ 93.

［2］薛秀坤，谷裕，李艳，等. 无甲醛的三聚氰胺氨基树脂的制备［J］. 山西化工，2017，2，1 ~ 2.

［3］王珊. 仿瓷餐具安全性探究［J］. 中国科技财富，2019，11，101 ~ 105.

［4］韩雪飞. 开封市市售仿瓷餐具中甲醛含量的调查研究［J］. 河南预防医学杂志，2017，28（2），117 ~ 118.

［5］赵凯，孙岚，马燕飞，等. 儿童用网购仿瓷餐具中甲醛迁移量的调查分析［J］. 塑料科技，2018，06，111 ~ 113.

［6］王蓉佳，张芳芳，刘小慧. 密胺餐具的鉴别及其三聚氰胺和甲醛迁移风险调查［J］. 中国食品卫生杂志，2017，29（5），584 ~ 587.

发酵

生活中常见的酒、醋和酱油等都属于发酵食品，另外蔬菜、乳制品和豆制品都可以经过发酵生成泡菜（酸菜）、酸奶和豆腐乳（豆瓣酱、纳豆）等食物。这些食物的加工都经历了相似的发酵过程。在卫生方面，我国食品安全国家标准（GB 4789.1；GB 4789.2；GB 4789.3—2016；GB 4789.4；GB 4789.10—2016）对于菌落总数、大肠杆菌群、沙门氏菌、金黄色葡萄球菌、志贺氏菌、溶血性链球菌、霉菌和酵母菌等的数量和检测方式都做了专门的规定（有害细菌的规定都是不得检出）；在营养方面，这些国标对于酿造酱、腐乳、豆豉、纳豆中的水分含量、食盐含量、氨基酸含量和总酸含量也都做了详细的规定，以氨基酸含量为例，国标规定红腐乳中含量应≥0.42%；

干豆豉中含量应≥1%；在添加剂安全方面，这些国标也做出了详尽的规定，例如国标规定酿造酱、腐乳、豆豉、纳豆及纳豆粉污染物和食品添加剂限量中明确规定了总砷、铅、山梨酸及其钾盐、苯甲酸及其钠盐的检查限量。这些规定都为我们放心选择市场上的合格发酵产品做出了法律保障。

1. 蔬菜的发酵

蔬菜经过发酵后因具有特殊的香味而备受欢迎，发酵蔬菜的酸味主要是经乳酸菌和酵母菌等微生物发酵产生的。代表性的发酵蔬菜有四川泡菜、东北酸菜、涪陵榨菜和韩国泡菜等。在蔬菜发酵过程中，蛋白质被微生物分解为氨基酸增加了蔬菜的风味，乳酸菌和酵母菌发酵产生的乳酸和醋酸能够抑制有害微生物的生长，从而延长了蔬菜的保质期。

新鲜的蔬菜中含有一定的硝酸盐，发酵过程中硝酸盐在还原菌的作用下转化为亚硝酸盐。很多研究表明，乳酸菌能够降解发酵蔬菜中的亚硝酸盐，当pH值小于4时（酸性体系），发酵蔬菜中亚硝酸盐的含量基本检测不到。因此，蔬菜在发酵过程中亚硝酸盐含量一般经历先升高后降低的过程，人工发酵蔬菜中亚硝酸盐的含量远远低于联合国粮食与农业组织和世界卫生组织规定的亚硝酸盐日摄取量（以体重计，8mg/60kg，按每天食用50g泡菜计算）。例如闫亚梅等的研究结果表明，当蔬菜发酵144h后，亚硝酸盐含量已经小于我国国家标准（20 mg/kg）。

氨基酸经过微生物继续发酵后可以生成各类脱羧有机胺。发酵蔬菜中含量较高的为腐胺、尸胺、组胺和酪胺，这些生物有机胺是重要的细胞活性成分，适量的摄入能促进生长、增强代谢活力和清除体内自由基等，但过量的摄入有机胺则会引起偏头痛、中毒等不良反应。各类研究表明，随着发酵蔬菜贮藏时间的增长，有机胺的含量会逐渐升高；发酵过程中温度越高，发酵蔬菜中有机胺的含量越高；发酵过程中盐的含量越低越有利于有机胺的生成。另外，发酵蔬菜中添加香辛料（辣椒、大蒜、生姜、肉桂、八角和丁香）等也能抑制有机胺的生成。欧盟规定食品中的组胺和酪胺含量均不得超过100 mg/kg，我国目前尚无发酵食品中生物胺的限量规定。综合各类文献，尚未有确切的研究结果证明大量食用发酵蔬菜会导致人体生物胺中毒的报道，但是通过发酵蔬菜摄入人体内的生物胺的影响也应该受到人们的重视。

2．豆制品的发酵

传统发酵豆制品包括豆豉、腐乳、酱油、豆浆、纳豆（日本）和丹贝（印尼）等。发酵后的豆制品很好地保留了豆类中的蛋白质、多肽、异黄酮、低聚糖、皂苷、亚油酸、亚麻酸、磷脂和植物纤维素等营养成分。通过微生物发酵后的豆制品中产生了很多"二次加工产物"。例如崔力剑等研究表明，发酵后的豆豉中异黄酮含量远远高于非发酵大豆制品；张建华发现曲霉型豆豉中含有抑制人体血管紧张素转化酶的活性成分，因而具有较好的抗高血压作用。

腐乳发酵的过程比其他发酵豆制品发酵得更彻底，因此其氨基酸含量更丰富，相应的含硫氨基酸等也会游离出具有臭味的硫化氢和胺。研究表明腐乳中的胺类主要有色胺、腐胺、组胺和酪胺等，其平均含量分别为39.0mg/kg、34.6mg/kg、18.2mg/kg和21.7mg/kg，这些数值均小于欧盟对于相关发酵品中有机胺含量的规定。腐乳特殊香味的来源是己酸乙酯和庚酸乙酯等。多个研究表明，腐乳中所含的多肽类等营养物质具有预防骨质疏松、降低血清胆固醇、降血压和血糖以及抗氧化作用。腐乳因其丰富的营养物质而被西方人称为"东方奶酪"。

豆瓣酱是豆类经过固态发酵后的一类豆制品。综合各类研究，发酵后的豆瓣酱具有预防肝癌、抑制血清胆固醇升高、抑制脂肪肝脏累积、去除放射性物质、降血压和抗氧化等功效。

原产于日本的纳豆类似于我国的豆瓣酱，但是其发酵为纯菌种（枯草芽孢杆菌）短时间发酵而成（一般为24h）；丹贝是一种以大豆、花生和小麦等为主要原料，通过接种少孢根霉后短时间固态发酵后的发酵制品。这两种短期发酵豆制品都富含多肽类营养物质而容易被人体消化吸收。

需要说明的是，由于大豆具有特殊的籽粒结构和丰富的营养成分，其在湿度较高的环境下贮存容易吸水霉变而产生对人体有害的黄曲霉素。因此我们选择豆类进行发酵时不要选择已经霉变的豆子。

3. 乳制品的发酵

人类在数千年前就开始制作和食用发酵乳制品，乳制品经过发酵后产生的酸味有利于乳制品的长时间保存。在很长的历史时期，动物乳的发酵都是自然发酵。目前绝大多数乳制品的发酵都是通过特定的菌株进行工业发酵的过程。

乳制品在发酵过程中主要依靠乳酸菌进行。乳酸菌是以碳水化合物（糖）为原料发酵生成乳酸的一类细菌，乳酸菌本身对人体健康有着多重有益作用。例如有研究表明，健康成人摄取植物乳杆菌（乳酸菌的一种）后可增强个体的获得性免疫能力和发挥正向免疫调节的作用。植物乳杆菌还能改善肠道的菌群组成，维持肠道生态平衡。其他研究表明，植物乳杆菌具有降胆固醇、抗癌和抗氧化等作用。

乳酸菌发酵过程中会产生多种醛类、酮类、酸类和酯类等风味化合物，此外，发酵过程中所生成的主产物乳酸本身对致病菌的生长也具有一定的抑制作用。

参考文献

[1]闫亚梅，吕嘉枥，彭松. 不同蔬菜组合发酵泡菜中亚硝酸盐含量的动态分析[J]. 食品工业，2015，12，99～104.

[2]迟雪梅，张庆芳，迟乃玉. 发酵蔬菜安全性的研究进展[J]. 中国酿造，2018，37（8），5～8.

[3]崔力剑，黄芸，詹文红. 发酵处理对大豆中总异黄酮含量的影响[J]. 大豆科学，2007，26（4），588～590.

[4]唐小曼，唐垚，张其圣，等. 传统发酵蔬菜中生物胺的研究进展[J/OL]. 食品工业科技，http://kns.cnki.net/kcms/detail/11.1759.ts.20190401.0950.007.html

[5]张建华. 曲霉型豆豉发酵机理及其功能性的研究[D]. 中国农业大学硕士毕业论文，2003.

[6]史延茂，田智斌，张聪莎，等. 传统发酵大豆制品功能成分的研究进展[J]. 中国调味品，2012，37（12），13～20.

[7]张鹏飞，乌日娜，武俊瑞. 传统发酵大豆制品挥发性成分和微生物多样性的研究进展[J]. 中国酿造，2018，37（12），1～6.

[8]程教擎，谢艳华，刘金，等. 传统发酵豆制品生产过程中的安全隐患及改进措施[J]. 食品安全质量检测学报，2017，8，3092～3098.

[9]贾璠，郭霞，何晨，等. 传统发酵豆制品营养功能成分研究进展[J]. 中国酿造，2019，38（4），1～6.

[10]刘琪，张佩娜，陈静，等. 发酵豆制品中安全风险因子的研究现状及对策[J]. 中国酿造，2018，37（2），1～5.

[11]李明雨. 传统发酵乳制品中植物乳杆菌基因多样性研究[D]. 东北农业大学硕士研究生论文，2018.

[12]丹彤，张和平. 发酵乳中风味物质的研究进展[J]. 中国食品学报，2018，18（11），287～292.

第十九节

煤气

家庭中所说的煤气主要是指通过管道输送到各家各户的天然气和瓶装液化气。煤气是家庭厨房中常见的热量来源，很多家庭靠燃烧煤气提供的热量进行烹饪，对于煤气我们有必要从科学角度认识其组成和使用方法。

1. 煤气的成分和特性

管道天然气的主要成分是以烃类气体为主的可燃性气体，其主要组成为甲烷、乙烷和其他烃类。瓶装液化气又叫液化石油气，是炼油厂内的天然气或石油气经过降温加压液化后得到的一类无色挥发性气体，其主要成分为丙烷、丙烯、丁烷和丁烯等烃类物质。因此无论是管道天然气还是瓶装液化气的主成分都是可燃的烃类物质。

历史上我们国家大部分地区曾经使用管道水煤气作为厨房烹饪的热源，在特定历史时期煤气的主成分是一氧化碳和氢气混合物，一氧化碳进入人体后能结合血液中的铁而使血红蛋白失去输送氧气的功能，因此一氧化碳对人体有巨大的毒害作用。现阶段，我国绝大多数家庭使用的天然气的主成分都没有毒性，常见的天然气的密度也比空气小，因此家庭天然气泄漏后相对比较容易扩散而不会对人体产生较大的危害。

2．煤气的燃烧和灭火

煤气在充分燃烧后生成二氧化碳和水，因此家用煤气在正常燃烧后不会产生对人体有毒害作用的物质。但是当煤气燃烧不充分时（缺氧条件）会生成对人体有毒的一氧化碳，因此厨房中灶头的位置应该保持适当的通风。

正常的燃烧需要三个基本因素：可燃物、氧气和燃烧温度。因此一般情况下灭火的原理也是围绕这三个因素进行的，即阻断可燃物、阻断氧气和降低温度。在煤气引发的着火点的灭火过程中，及时切断煤气、用恰当的物品覆盖以隔绝氧气和通过浇水降温都可以起到有效的灭火作用。

参考文献

［1］王振师，魏书精，谢继红，等．林火燃烧环境对灭火效果的影响研究［J］．林业与环境科学，2019，35（2），84～88．

［2］任凯，浦金云，李营．一种改进的模拟水灭火过程对抗式交互模型［J］．活在科学，2019，28（1），42～48．

［3］李奕辰．城市天然气管网泄漏检测与定位技术［J/OL］．中国科技信息，DIO：10.3969/j.issn.1001-8972.2019.19.019．

［4］刘应春，霍家莉，张彬．液化天然气泄漏扩散和池火灾害研究规划与展望［J］．南京工业大学学报（自然科学版），2019，41（5），664～671．

第二章

化学与家庭环境

甲醛

甲醛俗名蚁醛，常温下是一种无色具有刺激性气味的易溶解于水的气体。甲醛的水溶液俗称福尔马林，是一种常见的防腐剂。吸入高浓度的甲醛时，人体主要器官会产生不可逆的永久性衰竭现象；吸入较低浓度的甲醛时，人体会产生各类慢性疾病。甲醛被欧盟法规1272/2008（CLP法规）归类为急性毒性3类、皮肤腐蚀毒性1B类、皮肤过敏性1类、致突变性2类和致癌性1B类物质；国际癌症研究机构把甲醛归类为致癌性1类物质（已知对人体致癌的物质）。因此在人们生活的主要环境中应该认识和了解与甲醛有关的科学知识。

1. 家庭环境中甲醛的主要来源

室内装修材料是甲醛污染的最主要来源之一，装修材料中的墙纸、塑料和各种板材都可能缓慢地释放甲醛。我国国家标准GB 18580—2001《室内装饰装修材料人造板及其制品中甲醛释放限量》规定：可直接用于室内的中、高密度纤维板和（定向）刨花板的甲醛释放量≤9mg/100g；≤30mg/100g时必须经过饰面处理后方可用于室内。可直接用于室内的胶合板、装饰单板贴面胶合板和细木工板等甲醛释放量≤1.5mg/L；≤5mg/L时必须经过饰面处理后方可用于室内。包括层压木质地板、实木复合地板、竹地板和浸渍胶膜纸饰面人造地板等在内的饰面人造板的甲醛释放量≤0.12mg/m^3（气候箱法）或≤1.5mg/L（干燥器法）；家用装修木材中甲醛的释放主要是由其胶黏剂引起的。我国国家标准GB/T 14732—2006《木材工业胶黏剂用脲醛、酚醛、三聚氰胺甲醛树脂》中关于游离甲醛的含量均限定在≤0.3%。因此我们在进行室内装修时应该选择符合国家标准的各类板材和黏合剂等装修材料。

家庭中的其他木制品也是甲醛可能的来源，如竹席就是可能释放甲醛的家用品之一。浙江省地方标准DB 33/753—2009《竹席类产品甲醛限量及检测方法》中规定竹席类甲醛释放量≤1.5mg/L。江苏省质监局曾经对凉席产品进行抽查，抽查结果显示，合格率仅为37.2%，主要原因是甲醛含量和释放量超标。竹席中甲醛含量超标的主要原因是厂家使用了甲醛含量超标的胶黏剂。大量的研究表明，木门中的胶水也是家庭甲醛污染的来源之一。由此可知，家用物品释放甲醛的问题绝大多数都是由其中的胶黏剂引起的，关于"胶水"的科学我们将单独讨论。

各类洗涤用品也可能是家庭甲醛释放的来源之一，以餐具洗涤剂为例，我国国家标准GB 9985—2000《手洗餐具用洗涤剂》

中关于甲醛含量的规定为≤0.1mg/g。宋正蕊等对散装和精装餐具洗洁净进行了检测，检测结果表明，26份洗洁精中甲醛含量（0.004~0.076mg/g）均符合国家标准。其中散装洗洁精中甲醛含量明显高于精装产品。

随着人们生活水平的提高，汽车逐渐成为人们出行的主要交通工具，汽车内的环境也是家庭环境的最重要组成部分之一。2014年中国消费者协会和深圳市消费者委员会联合发布了《2014年乘用车车内空气挥发性有机物（VOCs）专项调查报告》（来源于中国工商报2014-12-17，006版），该报告显示61%的车内以甲醛为代表的醛酮类物质测试数据高于国标规定的限值（GB/T 27630—2011和GB/T 18883—2002）。其中新车的污染物浓度普遍高于旧车，静态模式下车内污染物浓度高于动态模式，低温有利于控制VOCs的挥发。车内的有害气体是包括苯、甲苯和二甲苯在内的主要成分为甲醛的混合有机气体，大部分车内有害气体都源自车内装饰，车内使用的真皮、桃木、电镀、油漆、工程塑料、地毯、内饰和顶棚毡等都可能是挥发性甲醛的来源，汽车内各类饰品的黏合剂大多数使用酚醛树脂胶，合成酚醛树脂的原料之一就是甲醛，黏合剂中原料的残留以及胶水老化过程中都可能逐渐释放甲醛。

家庭中的各类纺织品也可能是甲醛释放的来源，因此我国国家标准对各类纺织品中甲醛的限量有明确的限定，例如国标GB 31701—2015中对于婴幼儿用品、直接接触皮肤用品和非直接接触皮肤用品中甲醛的限量分别规定为20mg/kg、75mg/kg和300mg/kg。对于"织品"的科学知识我们将单独讨论。

为了抑制致病性和非致病性微生物，各类化妆品种都会添加防腐剂，咪唑烷基脲和DMDM乙内酰脲（5,5-二甲基-1,3-二羟甲基乙内酰脲）是常用的化妆品防腐剂，其防腐的原理都是释放甲醛而达到防腐作用。我国化妆品卫生规范规定这两种防腐剂都是限用防腐剂，其限量为≤0.6%。日本规定咪唑烷基脲和DMDM乙内酰脲只可在即洗型化妆品中使用且限量为≤0.3%。因此我们在选择和使用化妆品时应该考虑其中防腐剂潜在的甲醛释放。

2．家庭环境中甲醛的去除方式

家庭中甲醛的去除应该主要从源头控制，在装修和购买各类家用物品时应该考虑可能的污染物释放问题，选择符合国家标准的产品是杜绝甲醛等有害物质释放的最佳办法。另外，除了通风能快速扩散甲醛以外，采用绿植吸收也是不错的去除甲醛的有效方式。姜遥等研究了尖叶匍灯藓、冰梅多肉、金边吊兰和绿萝对空气中甲醛的净化效果，结果表明，尖叶匍灯藓3h后对空气中甲醛的净化效率达到95%以上，金边吊兰9h后对甲醛净化效果达到90%以上，绿萝12h后才能达到金边吊兰相同的甲醛净化效果，冰梅多肉12小时后对甲醛净化效果为58.9%。由于甲醛的毒性作用，随着甲醛浓度的升高，植物对其吸收能力都呈下降趋势。徐迪等研究的结果表明：大花惠兰、春芋、蚊草、洋桔梗、天竺葵、凤尾蕨和烟草等植物吸收甲醛能力较强；花叶白竹草、镜面草、秋海棠和椒草吸收甲醛能力较差。蔡能等研究表明松萝、常春藤和绿萝对于室内甲醛具有较好的净化作用。当然以上研究都是在狭小的模拟空间中进行的，当房间空间较大而绿植较小时，其对甲醛的吸收速度就较为缓慢。

甲醛能够被多孔的活性炭等材料吸附，因此我们可以在家具中适量存放一定的商用活性炭以减少甲醛对人体的伤害，这种吸附并不是消除甲醛，因此在吸附一段时间后我们需要将活性炭放置在室外阳光直射的地方以使甲醛"脱附"并散除。

3. 家庭环境中甲醛的检测

很多人为了方便和节省费用，在家庭甲醛测量时喜欢通过网购检测甲醛仪器和产品自行检测家庭环境，这种不科学的方法并不值得提倡。据《四川法制报》报道，上海市市场质量将按部门近期公布的"甲醛检测仪"风险监测结果显示，从网络大型平台购买的近20个品牌41批次网红"家用甲醛检测仪"样品，没有一台甲醛检测仪符合要求。因此我们在需要对室内甲醛等污染物测量时尽可能选择具有资质的专业单位进行科学检测。

参考文献

［1］张涛. 别让甲醛检测仪继续"野蛮生长"［N］. 四川法制报，2019，3，1，003.

［2］姜遥，金津霞，戴丹丽. 不同绿色植物对甲醛气体的净化能力［J］. 浙江农业科学，2019，60（7），1171 ~ 1174.

［3］宋正蕊，胡文蝶，张蓄. 部分市售餐具洗洁精中有害物质监测分析［J］. 大理大学学报，2019，4（6），39 ~ 41.

［4］蔡美萍. 半数竹席样品甲醛释放量超标［J］. 质量探索，2015，9，28.

［5］李桂景，周利英，常云芝，等. 国内外对纺织品中甲醛的限量要求和测定方法［J］. 理化检验：化学分册，2019，55（3），368 ~ 372.

［6］郑芸芸，李琼，张健. 化妆品种限用防腐剂咪唑烷基脲和DMDM乙内酰脲的检测方法综述［J］. 上海应用技术学院学报（自然科学版），2011，11（1），7 ~ 16.

［7］陆智. 化妆品中游离甲醛的安全性评价［J］. 香料香精化妆品，2019，2，74 ~ 79.

［8］李锐，岳茂增，宋玉峰，等. 浅析人造板与木质家居中甲醛、TVOC释放量以及污染的降低、防范对策［J］. 绿色环保建材，2019，2，14 ~ 15.

［9］徐迪. 18种观赏植物甲醛吸收能力的研究［D］. 昆明理工大学硕士毕业论文，2009.

［10］蔡能，王晓明，乔中全，等. 三种耐阴植物对室内甲醛的吸收能力比较［J］. 湖南林业科技，2017，44（6），75 ~ 78.

装修石材

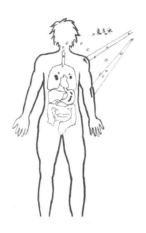

　　在家庭装修时不可避免地会使用到装修石材，装修石材大体可以分为天然石材和人造石材两大类。我国建筑装饰协会标准 T/CBDA 8—2017《室内装饰装修工程人造石材应用技术规程》中关于人造石材的定义为：以高分子聚合物、水泥或者两者混合物为黏合材料，以天然石材碎（粉）料和/或天然石英石（砂、粉）或氢氧化铝等为主要原料，加入颜料及其他辅助剂，经搅拌混合、凝结固化等工序复合而成的材料。人造岗石是以大理石、石灰石等的碎料、粉料为主要原材料，以高分子聚合物、水泥或两者混合物为黏合材料制成的人造石材。人造石英石是以天然石英石（砂、粉）、硅砂、尾矿渣等无机材料（其主要成分为二氧化硅）为主要材料，以该分子聚合物、水泥或两者混合物为黏合材料制成的人造石材。因此各类人造石材都是高分子材料（胶黏剂）胶黏天然石碎（粉）和/或水泥所形成的装修材料。天然石又分为花岗岩和大理石两种。花岗岩为酸性岩浆岩中的侵入者，其主成分为石英（主成分是二氧化硅）、长石（含钙、钠和钾的铝硅酸盐）和云母（钾、铝、镁、铁、锂等金属的铝硅酸盐）三种矿物质。大理石的主要成分为碳酸钙。无论人造石还是天然石都含有天然形成的矿物质成分因而都可能具有一定的放射性，其放射性的来源主要与岩浆形成过程有关，因此石材的放射性主要和地质结构、生成年代和生成条件有关。岩浆中所含有的镭、铀和钍等放射元素能放射出射线，对人体造成一定的伤害，这类放射线称为外照射。镭在放射过程中会产生氡气体，这类气体进入人体后会对呼吸系统和消化系统产生一定的危害，被称为内照射。我国国家标准GB 50325—2010《民用建筑工程室内环境污染控制规范》中关于放射性物质的规定是：民用建筑工程所使用的加气混凝土和空心率大于25%的空心砖、空心砌块的建筑主体材料，其放射性限量应符合表面氡析出率≤ 0.015 Bq/(m² · s)，内照射指数I_{Ra} ≤ 1.0，外照射指数I_{Ra} ≤ 1.3。民用建筑工程所使用的的无机非金属装饰材料，包括石材、建筑卫生陶瓷、石膏板、吊顶材料和无机瓷砖黏结剂中放射性指标应符合内照射指数I_{Ra} ≤ 1.0，外照射指数I_{Ra} ≤ 1.3。

1．装修石材的分类和选择

根据石材不同，放射水平可以分为A、B、C三类。当放射性比活度同时满足I_{Ra} ≤ 1.0和I_r ≤ 1.3的石材为A类石材，可以用于居室内装修；不满足A类石材的要求，但是放射性比活度同时满足I_{Ra} ≤ 1.3和I_r ≤ 1.9的石材为B类石材，该石材不可用于诸如住宅、公寓、托儿所、医院和学校等I类民用建筑的内饰面，但是外饰面以及其他一切建筑的内、外饰面可以使用；不满足A、B材料的要求，但是满足$I_r \leqslant 2.8$的石材为C类石材，其只能使用于建筑的外饰面和其他室外场所；$I_r > 2.8$的石材只可用于碑石、海河堤、桥墩等人类很少涉及的地方。

王强等对上海建材市场中的石材的放射性进行了系统的检测，检测结果表明装修石材中放射性的含量以花岗岩为最高，大理石次之，板石的辐射最低，不同的石材的辐射差异较大。因此家用装修时应严格选择A、B、C三类石材。

2. 装修人造石材的胶黏剂释放

人造石材中含有的各类胶黏剂都是人工合成的高分子类化合物，该类物质我们将在"胶水"一节中单独讨论，需要说明的是，任何高分子材料都有使用寿命，随着高分子材料的老化和降解，释放出小分子物质所造成的环境问题也值得人们注意和思考。

总之，考虑到石材的放射性释放以及人造石材的胶黏剂释放，家庭在装修后经过适当的空置和通风以降低因装修石材造成的放射性污染和/或有机物污染是必要的。

参考文献

［1］张静. 不容忽视装修石材的放射性［J］. 中国质量技术监督，2006，8，40.

［2］王强，杨莉，卓维海. 上海市部分装饰装修用石材的放射性核素含量调查［J］. 中国辐射卫生，2012，21（4），415.

家庭绿植

很多人都喜欢用家庭绿植装扮自己的生活空间，从不同的渠道我们了解到家庭绿植能够净化室内空气、调节心理、提升家庭环境美观度、营造室内小气候和预防辐射等作用。但是如何科学利用和评价绿植的作用值得我们研究和思考。

1. 家庭绿植的净化空气作用

植物每天生长过程中需要吸收一定量的水，其中只有1%的水用作其自身生长，其他99%的水量都通过植物呼吸和叶面蒸腾作用散失到周围环境中，因此家用绿植能够提升家居环境空气的湿度。在比较干燥的冬季，客厅和卧室内适量的植物能起到加湿器的作用。根据温爱君以枣树为例研究的植物生长期蒸腾模型来看，枣树最大的蒸发量和其果实成熟期基本吻合；在一天当中，气温和光照强度与蒸腾速度成正比，也就是说，温度越高、光照越强，植物的蒸腾作用越明显；而大气的湿度越大越不利于枣树的蒸腾。该研究结果对我们选择植物调节家居环境湿度具有指导作用。当然，任何植物对空气的加湿作用都无法达到加湿器高效率的加湿作用。植物叶面的蒸腾作用需要吸收一定的热量，因此家居绿植能够一定范围内调节室内温度。研究表明，绿植能够降低房间内温度和提升相对湿度。

植物在光的照射下通过叶绿素将二氧化碳转化为糖贮存在体内，该光合作用过程中会释放出水和氧气。因此植物能释放出氧气的概念深入人心，但是植物中每个细胞每时每刻都在进行着呼吸作用，在线粒体的作用下，植物将有机物和氧气转化为二氧化碳和水同时释放出能量供植物体自身需要。因此光合作用和呼吸作用是植物的两个基本的生理作用。在无光的情况下，植物的光合作用基本停滞，此时呼吸作用占据主导，因此植物此时吸收氧气释放出二氧化碳；相反在光线充足的情况下，植物的光合作用释放的氧气量超过呼吸作用需要的氧气量，此时植物表现为释放氧气。因此，饲养绿植时需要考虑光照的因素。如果家居环境光照不足，则可以选择耐阴的植物，如龙血树、龟背竹和兰花等，对于阳光要求比较高的一品红、紫鹅绒和仙人球等则难以很好生存。即使选择喜阴植物，我们也应该考虑其长时间光线不足时与人"争夺"氧气的可能。如果光照度达不到植物光补偿点（光合作用产生的有机物不足以弥补呼吸消耗的有机物的光照临界点）以上时，将会导致植物生长衰退乃至死亡。在整个衰退期间，植物吸收的氧气量超过其释放量。

2. 家庭绿植的吸收和预防辐射作用

我们经常会听到绿植具有能降低电脑等辐射作用的说法，而辐射是指场源发出的电磁能量中一部分脱离场源向外传播的现象。电磁能量一般以电磁波的形式传播，自然界中只要温度超过绝对零度（地球上尚不存在绝对零度的物质）以上的物质都以电磁波（或粒子）的形式向外传送热量。包括电脑在内的家电都不会产生足以伤害人类的热量辐射，因此绿植能够吸收电脑有害辐射就无从谈起。

3．家庭绿植的其他作用

家庭绿植的其他作用还表现在对心理的调节作用。有研究表明，室内绿化面积达到一定量时能舒缓人的绝大多数压力；在工作区增加绿植的比例，可以使人集中注意力和提升工作效率。

植物的叶片在呼吸过程中会吸附一定的灰尘，植物叶片越粗糙、表面绒毛越多，植物的吸附灰尘能力越强，但是植物的呼吸并不像动物的呼吸具有明显地影响空气流动的作用，植物缓慢的呼吸类似于气体的"扩散"，因此我们平时所看到植物叶片上的灰尘绝大多数都是灰尘"自投罗网"的沉降作用形成的。因此植物对于灰尘的吸附需要我们科学地认识。

我们从各种渠道所知的植物的杀菌作用其实是植物体中含有可以杀菌的成分，因此当细菌落在植物表面或者侵入植物体内时细菌才会被杀死，并未有科学的研究表明植物能明显降低室内的细菌量。植物的杀虫（驱虫）作用也是如此。所以我们并不能明显感到养殖有"驱蚊草"的室内蚊子明显减少的"有效性"就是这个道理。

对于植物吸收有害气体等作用（部分内容见"甲醛"一节）也需要我们科学的理解，依靠植物对有害气体的吸收远远不如开窗通风效果明显。相同的道理，依靠植物降低噪音的做法也不如改装双层玻璃窗户效果好。

参考文献

[1]曹释予，刘祎. 绿植在家具产品设计中的应用研究 [J]. 工业设计，2019，40（2）78 ~ 83.

[2]张家鹤，陈凌阳，于林平. 等. 温室大棚蒸腾水吸收与利用智能化系统研究 [J]. 绿色科技，2019，10，274 ~ 290.

[3]温爱君. 南疆干旱区枣树水分运移模拟研究 [D]. 塔里木大学硕士毕业论文，2019.

[4]张蓓. 家居室内空间的绿化装饰设计及应用研究 [J]. 东北林业大学硕士毕业论文，2010.

臭氧

　　臭氧是由三个氧原子组成的氧气的同素异形体，常温下臭氧是具有一定刺鼻气味的淡蓝色气体。臭氧的化学性质非常活泼，具有很强的氧化性，常温下就能将单质银氧化生成过氧化银。因此一定量的臭氧进入人体后能引发多种化学反应导致人出现疲乏、咳嗽、胸闷胸痛、皮肤起皱、恶心头痛、脉搏加速、记忆力衰退、视力下降等不良反应，过量的臭氧吸入能导致死亡。国际环境空气质量标准中指出，人在一个小时内可接受臭氧的极限浓度为260 μg/m³。臭氧也可以氧化植物体内的各种物质而导致叶子变黄甚至枯萎，臭氧也能氧化各类织物和材料使其老化。因此臭氧是大气环境污染最主要的有害物质之一。

1. 臭氧的存在范围

全球臭氧约90%集中在平流层，平流层臭氧产生的原因是紫外线照射到氧气时使氧气分子离解为氧原子，氧原子结合一个氧分子后产生臭氧，因此臭氧分子中含有三个氧原子。大气平流层中臭氧浓度最高的大气层称为臭氧层，大概位于地面20～25km处。臭氧层能吸收太阳光中的远紫外线辐射进而保护了地球上的生物免受远紫外线的辐射伤害。平流层臭氧向下传输进入到离地面较近的对流层成为大气污染中臭氧的主要自然来源。

徘徊于大气对流层的近地面臭氧又称光化学烟雾。交通运输、石油化工、燃煤发电和印刷喷涂等行业排放的VOCs、氮氧化物和一氧化碳等物质经过光化学反应后会产生氧自由基（氧原子），氧自由基和氧气结合便会产生臭氧，这就是臭氧污染的人为来源。在夏秋季节光照强烈的午后，温度较高和湿度较低时较易发生臭氧浓度超标。我国国家标准中《环境空气质量标准》（GB 3095—2012）规定，臭氧的日最大8小时平均值二级浓度限值为160μg/m³。据报道，中国有50%的城市在5～9月是以臭氧为首要污染物的，其中6、7、8月以臭氧为首要污染物的城市占比超过90%。世界卫生组织空气质量标准中就限定大气臭氧浓度8小时均值不得超过50ppb。

2. 室内臭氧污染

杨喆通过研究将室内空气中臭氧污染源分为"外患"（室外扩散）和"内忧"（室内自生）两个因素。正常室内臭氧污染原因主要是通过门窗等部位扩散进来的室外臭氧。

由于臭氧具有一定的消毒作用，因此自带臭氧散发功能的空气净化器、臭氧消毒机和部分果蔬清洁器逐渐成为室内臭氧污染的主要来源。另外，复印机、激光打印机和静电式空气净化器（不同于臭氧释放型空气净化器）等设备也具有一定的散发臭氧的功能。以激光打印机为例，早在1999年就有科学家研究表明，打印机在一分钟十张纸且双面打印的情况下，臭氧的散发率可达0.4mg/h，并且激光打印机的臭氧散发率高于喷墨打印机。在空气净化器的研究方面，有报道称部分通过国家标准的空气净化器设备仍然能够对人体造成臭氧暴露危害。因此空气净化器对家居空气进行净化时引起的可能臭氧污染值得人们关注。2017年有报道称在17种家电（3台冰箱净化器、2台果蔬清洁器、1台洗衣机、2台净水器、2台净鞋器、2个洁面仪、2台空气净化器、2个吹风机和1根消毒棒）中的9种产品（3台冰箱净化器、2台果蔬清洁器、1台洗衣机、2个洁面仪、1个净鞋器）的使用过程中检测到了臭氧的释放。这些家电都可能是通过产生的静电或紫外线将空气中的氧气转化为臭氧。我国《室内空气中臭氧卫生标准》（GB/T 18202—2000）要求室内臭氧浓度1小时均值不得超过50ppb。

臭氧能够氧化绝大多数有机物质和除金和白金外的所有金属，因此因臭氧接触而产生的二次污染也绝对不能忽视。

3．室内臭氧的去除

室内绝大多数有机物质都能够和臭氧发生化学反应而降低室内臭氧的浓度，因此，臭氧在墙纸、胶合板、乳胶漆、地毯和各类织品表面都有沉降。但是臭氧在各类物质表面沉降过程中必然会造成物品的老化。因此，当室内臭氧浓度高于室外时，通风是最佳降低室内臭氧浓度的办法；当室内臭氧浓度低于室外时，适当的关闭门窗能够进一步降低室内臭氧的浓度；当室内存在臭氧源而导致室内臭氧浓度高于室外时，需要及时查找出臭氧的来源并停止使用该类家电。

参考文献

［1］徐怡珊，文小明，苗国斌. 臭氧污染及防治对策［J］. 中国环保产业，2018, 6, 35 ~ 38.

［2］杨喆. 南京地区住宅内臭氧的影响、来源与贡献［D］. 南京大学硕士毕业论文, 2019.

［3］高莎. 石家庄市2013-2015年环境空气中臭氧污染特征分析［D］. 河北科技大学硕士毕业论文，2017.

空气

　　在很早以前人类便认识到空气定向移动可产生风，但是人类对空气的认识一直是模糊和不科学的。直到拉瓦锡研究燃烧揭示了空气中氧气的存在后，人们才较为科学地认识了空气这种物质。拉瓦锡将空气分为成酸元素（氧）和不能维持生命元素（氮）两种。随着科技的不断发展，在拉瓦锡实验的基础上发现了二氧化碳和零族气体（过去称为惰性气体）后，人们对空气的认识才更为全面和科学。

1. 空气污染

　　在很长一段历史时期，因为生产力的低下，人类生产生活对大气环境的影响微乎其微。随着生产力的提高，尤其是人类进入工业化生产阶段以来，大量的化石燃料（煤、石油和天然气）的燃烧和工业生产过程中废气的排放导致空气的组成发生了变化从而形成了各类大气污染现象。光化学烟雾（臭氧）、化石燃料以及工业生产排放的氮氧化物和一氧化碳、工业生产和汽车尾气所排放的微尘等更加恶化了许多地区的空气质量。我国环保部对空气质量划分为优、良、轻度污染、中度污染、重度污染和严重污染六个等级。2016年，全国338个城市空气质量达标天数占全年的78.9%，轻度污染占比14.8%，中度和重度污染分别占比为3.7%和2%，严重污染占比0.6%。我国城市中主要的污染物为$PM_{2.5}$、PM_{10}和臭氧。

PM是一种包含颗粒污染物（烟雾、烟草、烟和烟尘等）、各种粉尘、生物污染物（花粉、室内尘螨变应原等）的复杂混合物。根据颗粒的大小，PM可以分为三类，即$PM_{2.5}$、PM_{10}和超细颗粒。$PM_{2.5}$是直径小于$2.5\ \mu m$的大气颗粒物，其本身是一种污染物，也是重金属、多环芳烃等有毒物质的载体。因其颗粒度很小，可以进入人体肺泡和血液循环系统，从而引起呼吸系统和心血管系统的疾病。比$PM_{2.5}$还小的超细颗粒被吸入人体后，可以沉积在深部肺组织内引发各类疾病。比$PM_{2.5}$颗粒大的PM_{10}是指直径小于$10\ \mu m$的可吸入颗粒，其组成主要是粉尘、工业排放物和机动车尾气排放物。据报道，这些空气污染物能够诱发皮肤肿瘤、特应性皮炎、银屑病、痤疮和脱发等疾病。

2. 车内空气污染

常见的车内空气污染物有30余种，其主要分为三类：VOCs（挥发性有机物）、悬浮颗粒和微生物。悬浮颗粒和微生物污染一般由汽车空调循环系统导致。汽车中挥发性有机物污染主要是由汽车内饰件释放导致。车内饰中的皮革制品在制作过程中往往会用到鞣制剂（甲醛等）和固定剂（清洗和上色）；织物在生产过程中会使用到大量助剂（防老化剂、交联剂、柔软剂和防水防污剂）以保证其经久耐用和防皱阻燃。另外，车内的人造板材、保温材料、密封材料、涂料、塑料、橡胶、泡沫等在加工过程中也会使用有机溶剂、添加剂、助剂、胶黏剂等有机成分。这些助剂都容易挥发出有机物质，这些都是汽车内挥发性有机物质污染的主要来源。这些有机挥发性污染物包含烃类、苯系物、醛酮类和卤代烃类等，这些物质可能会对人体产生一定的毒害作用。此外，汽车尾气中的一氧化碳、氮氧化物等排放物可能会通过空调系统进入到汽车内而造成一定的危害，汽车在相对密闭的空间内（如车库）长时间的发动机运行和空调系统的运转导致车内乘坐者窒息乃至死亡的报道屡见不鲜。当然，人的衣服以及呼吸、汗液等排泄物也可能导致车内空气污染。

汽车的定期开窗通风是减少车内空气污染物的有效办法。

3. 室内空气污染

室内空气污染的最主要原因是由室内装修引起的，与汽车车内空气污染类似，人造板材等装修材料中使用的黏合剂会缓慢地释放甲醛等污染物质。孟倩玲曾对市场上不同的装修材料进行了甲醛释放量检测，检测结果表明，地毯、吊顶材料、胶合板、普通合成板、成型板和聚酯板的甲醛释放量分别为0.2、0.3、18.0、8.3、10.7和10.7mg/100cm^3·h。另外，各类装修材料也是挥发性有机物污染的主要来源。因此，我们在装修时应尽可能考虑使用绿色环保型的装饰材料和家具。莽丽琴曾按照相关标准方法采样检测分析了竣工2个月内的30个样本住宅的室内空气，结果表明，苯、甲醛及总挥发性有机物的平均检测值分别是0.16mg/m^3、0.328mg/m^{3}和0.968mg/m^3，对照我国国家标准《室内空气质量标准》（GB/T 18883—2002）相关限值要求，其检测值超标率分别达到45.5%、22.8%和61.3%。总体来看，新装修房屋室内污染物浓度达到国家标准的时间各不相同，甲醛和总挥发性有机物经过挥发扩散后达到国家标准的时间大约在1年。个别案例中甲醛的检测值在12～18个月之间仍然有超标现象。氨和苯在竣工半年左右测量值会达到国标限量要求，各个污染物在竣工1年半后浓度均达标。因此装修后的定期通风是防止室内空气污染伤害的必备手段。

4. 空气负（氧）离子

1982年德国科学家发现了空气带电的现象。根据大地测量学和地理物理学国际联盟大气联合委员会采用的理论，空气负离子主要是水合氧气负离子、水合氢氧根负离子和水合碳酸根负离子。该类负离子的生成主要是地面岩石中的放射性、太阳紫外线、瀑布（溪水或喷泉）激起的水花、雨水的分解或植物光合作用等原因。当气体分子获得能量（放射能、紫外线光能、瀑布等产生的动能和光合作用的化学能）时可能造成外层电子的逃逸并被其他分子捕获产生负离子。此外，中子流、闪电和金属盐类的灼烧都可能使空气电离。理论上空气中产生了负离子就必然会产生同等数量的正离子（电荷守恒、空气整体不带电），研究表明，空气负离子对自然界生命有机体和生态环境有着诸多益处。空气负离子中的小离子（负氧离子）有助于缓解疲劳、控制血压等；中离子和大离子有助于净化空气和杀菌等。根据空气负离子的产生原理可以推断，临水的海边与植物较多的山区和森林等地的负离子浓度较高。另有研究表明，晴天负离子浓度大于阴天或雨天，雨后1～2天负离子浓度要普遍高于平时的平均值。2011年，世界卫生组织规定空气清新标准为空气中负离子数达到1000～1500个/cm^3。空气中负离子中占比最大是负氧离子（小离子），负氧离子也称为衡量空气质量标准的指标之一，将空气中负氧离子等级与人体健康关系进行关联，其中负氧离子浓度≤600个/cm^{3}时，空气为1级，此时空气对人体的健康不利；负氧离子浓度达到600～900个/cm^{3}时，空气为2级，此时空气属于正常空气；负氧离子浓度达到900～1000个/cm^{3}时，空气为3级，此时空气对人体健康较为有利；负氧离子浓度≥1200个/cm^{3}时，空气为4级，此时空气对人体健康有利。综合各类研究报道，在海边、森林和瀑布附近，负氧离子的浓度大约为50万个/cm^3；在郊外和野外，负氧离子浓度大约为5000～50000个/cm^3；在公园内，负氧离子大约为800～2000个/cm^3；在住宅室内，负氧离子浓度大约为10～200个/cm^3；在封闭的空调房内，负氧离子大约不会超过10个/cm^3。

研究表明，空气中负氧离子浓度与大气污染物和悬浮物颗粒（PM$_{2.5}$、PM$_{10}$）等呈负相关，凡是空气中负氧离子浓度较高的地方，空气污染指数必然较低。因此，适当走出家门融入自然环境中对人体健康是有益的。郭慧宇等的研究表明，家用负离子发生器能有效清除室内的PM$_{2.5}$，当负离子发生器放置于室内中间的位置比放置于靠边的位置时空气净化效果好。因此，家用负离子发生器对人体健康是有益的。

5．温室气体

温室气体指大气中能吸收地面反射的长波辐射从而能使大气温度上升的气体的总称，水汽、二氧化碳、氧化亚氮、氟利昂和甲烷等都属于温室气体。一般情况下，只要温度不是绝对零度（地球上目前尚未发现达到如此低的温度的环境）的物体都会向周围环境中散发长波电磁波（主要是红外线），这种长波电磁波是物体传递热辐射的主要方式，红外遥感卫星就是靠接受物体释放的红外线进行观测的人造卫星。地球也不断通过长波电磁波向宇宙中释放能量。以二氧化碳为代表的温室气体可以吸收地球释放的长波电磁波（红外线）并将其主要转化为热能贮存在大气中，因此地球辐射的能量被截留在大气中后导致大气温度不断上升，这些气体就像温室的塑料膜一样保护着温室里的热量尽可能少的散失。这些气体的存在将整个地球大气圈变成了温室的塑料膜。这就是温室气体名称的来源。根据1997年在日本召开的联合国气候变化纲要公约第三次缔约国大会中所通过的《京都议定书》规定，人类可以（必须）控制的6种温室气体是二氧化碳、甲烷、氧化亚氮、氢氟碳化合物、全氟碳化合物和六氟化硫。工业排放二氧化碳以及制冷剂氟利昂都在控制减排的范围内。

　　除了人类生产和生活产生的温室气体之外，自然界也会产生温室气体。例如森林土壤中有机物降解释放的甲烷、火山喷发产生的气体等，都是温室气体产生的自然原因。

参考文献

[1] 王晓辉，狄育慧. 城市空气污染问题反思及合理防治举措研究 [J]. 环境与发展，2018，2，55 ~ 56.

[2] 晁华，张龙，胡曼，等. 乘用车车内空气污染与防治 [J]. 汽车材料与涂装，2018，19，231 ~ 235.

[3] 王小燕，Juliandri，马仁燕等. 空气污染与相关皮肤病的关系及防治进展 [J]. 中国美容医学，2018，27（1），145 ~ 148.

[4] 孟倩玲. 论城市室内环境空气污染及防治 [J]. 广东化工，2019，46（6），156 ~ 164.

[5] 莽丽琴. 居民住房新装修后空气中主要污染物浓度变化趋势的分析 [J]. 中国高新科技，2017，1（7），91 ~ 93.

[6] 孙佳为. 新装修住宅室内空气污染防治 [J]. 中国科技信息，2018，22，46 ~ 47.

[7] 周慧萍. 空气负氧离子浓度检测方法及其系统设计 [D]. 南京信息工程大学硕士毕业论文，2016.

[8] 丰一鸣. 城市生态系统不同生境空气负氧离子浓度时空特征 [D]. 内蒙古农业大学硕士毕业论文，2017.

[9] 钟林生，吴楚才，肖笃宁. 森林旅游资源评价中的空气负氧离子研究 [J]. 生态学杂质，1998，17（6），56 ~ 60.

[10]朱怡诺，崔丽娟，李伟. 湿地环境中负（氧）离子研究概述 [J]. 山东林业科技, 2018, 3, 96 ~ 108.

[11]郭慧宇，孙文，宋嘉森，等. 负离子发生器的辅助空气净化效果实测 [J]. 环境工程, 2019, 37（2）, 130 ~ 132.

油漆

　　油漆是各类涂料中的一种，在天然树脂或合成树脂中加入颜料、溶剂和辅助材料就形成了涂料。涂料是一种材料，用不同的施工工艺涂覆在物件表面，形成黏附牢固、具有一定强度、连续的固态薄膜。这样形成的膜统称为涂膜，又称漆膜或涂层。涂膜一般为高分子化合物，因此涂料是溶剂化的高分子化合物（溶剂挥发后形成高分子涂膜）或两种以上能够通过化学反应形成高分子化合物的单体混合物（随着溶剂的挥发，单体间发生反应形成涂膜）。

1. 涂料的溶剂

　　涂料的溶剂包括烃类、苯和苯系物（甲苯、二甲苯等）、醇类、醚类、酮类、酯类和水等。有机溶剂或水的作用就是使成膜的高分子基料分散而形成黏稠液体，从而有助于施工和涂膜等。鉴于涂料中的高分子基料可挥发性很差的性质，涂料中的溶剂和填料是涂料可挥发性物质的主要来源，我们经常闻到的涂料的味道就是涂料的溶剂和添加剂挥发物导致的。因此我们国家发布的各类国家标准对涂料中的各类物质都做了详尽的规定，例如我国国家标准中《室内装饰装修材料水性木器涂料中有害物质限量》（GB 24410—2009）规定了挥发性有机化合物、苯系物（苯、甲苯、乙苯和二甲苯总和）、乙二醇醚及其酯类、游离甲醛、可溶性重金属（镉、铬、铅、汞）的具体限值；我国国家标准中《室内装饰装修材料溶剂型木器涂料中有害物质限量》（GB 18581—2009）规定了挥发性有机化合物、苯、苯系物（甲苯、乙苯和二甲苯）、游离二异氰酸酯、甲醇、卤代烃、可溶性重金属（镉、铬、铅、汞）的具体限值；我国国家规范《合成树脂乳液内墙涂料产品质量监督抽查实施规范》（CCGF 311.2—2008）规定的化学物质检验项目为挥发性有机物（VOCs）、游离甲醛和重金属三类。这些规定都在一定范围内保护我们的环境免受危害。

在与食品或儿童接触的涂料方面，我国国家标准也做了详尽的规定。例如我国国家标准《食品安全国家标准食品接触用涂料及涂层》（GB 4806.10—2016）规定了总迁移量、高锰酸钾消耗量、重金属的具体限值，尤其是详尽规定了允许使用的基础树脂及其使用要求，允许使用的树脂是：（1,1'-联苯基）-4,4'-二醇与1,1'-磺酰双（4-氯苯）的聚合物；（3R）-3-羟基丁酸与4-羟基丁酸共聚物；（氧化-1,4-苯烯基硫化-1,4-苯烯基）聚合物和4,4'-磺酰基二苯酚与1,1'-磺酰基二（4-氯苯）的共聚物；[1,4-苯二羧酸与1,6-己二胺（1∶1）]的化合物与六氢-2H-氮杂䓬-2-酮的聚合物；1,1,1,2,2,3,3-七氟-3-

[（三氟乙烯基）氧］丙烷与四氟乙烯的聚合物；1,12-十二烷二酸与对苯二甲酸和1,4-丁二醇的聚合物；1,1-二氯乙烯与丙烯酸甲酯的聚合物；1,3,5-三氧环己烷与1,3-二氧环戊烷的聚合物；1,3-苯二甲酸二甲酯与1,4-丁二醇或（和）1,4-苯二甲酸和聚（1,4-丁二醇）的聚合物；1,3-苯二甲酸与1,4-苯二甲酸、2,2-二甲基-1,3-丙二醇、1,2-乙二醇、1,6-己二醇的聚合物；1,3-苯二甲酸与1,4-苯二甲酸、2,2-二甲基-1,3-丙二醇、1,2-己二醇的聚合物；1,3-苯二甲酸与1,4-苯二甲酸、1,6-己二胺的聚合物；1,3-苯二甲酸与1,4-丁二醇、1,4-二甲基-1,4-苯二羟基、己二酸、1,3-丙二醇的聚合物；1,3-丙二醇与对苯二甲酸的聚合物；1,3-丁二烯低聚的均聚物等105种。通过这些具体的规定将容易迁移有害物质的树脂排除在食品接触涂料之外。另外，我国国家标准《玩具用涂料中有害物质限量》（GB 24613—2009）规定了可溶性元素（锑、砷、钡、镉、铬、铅、汞和硒）、邻苯二甲酸酯、挥发性有机化合物（VOCs）、苯、苯系物（甲苯、乙苯和二甲苯）的具体限值。这个规定通过对儿童用玩具的涂料进行规范以避免儿童在和玩具亲密接触时受到可能的伤害。

综合来看，根据溶剂的种类，涂料大体可以分为水性涂料和溶剂型涂料。从限制挥发性有机化合物角度来看，水性涂料比溶剂型涂料更加环保，但是只有水性树脂才能溶解于水中制备成水性涂料，同时水性涂料在涂膜性能和施工性能等方面存在一定的不足，故单纯的由水、水性树脂、颜色填料构成的水性涂料的种类和可选择性还不是很多。可溶于水的水性树脂因其抗水性差也局限了其应用范围。因此，在可预料的短时间内，无有机溶剂添加的纯水性涂料的开发是前沿性的化学研究课题。

目前，市场上的水性涂料基本上由水、水性树脂、颜色填料和助剂等部分调和而成，助剂的添加扩展了水性树脂的选择性，某些两亲型树脂（亲水和亲油）在助剂的作用下和水形成了市场上绝大多数的水性涂料。当然，涂料中的助剂还包括成膜助剂、消泡剂、润湿分散剂、增稠剂、流平剂、防腐剂、酸碱调节剂、增硬剂、消光剂、抗划伤剂、增滑剂、耐磨剂等。以研究的水性木器透明底漆优化配方为例，其主要成分为：PUEA复合乳液（聚氨酯-环氧树脂-丙烯酸酯复合乳液，主要成膜物质）、去离子水（分散物质）、乙二醇丁醚（成膜助剂）、丙二醇（防冻剂）、轻质碳酸钙（填料）、滑石粉（填料）、Hydropalat 3204（磷酸酯型分散剂）、Hydropalat 140（有机硅润湿剂）、SN-thickener 612（聚氨酯增稠剂）、FoamStar A34（消泡剂）、Alex F-252（防霉杀菌剂）、氨水（酸碱调节剂）共十二种物质调和而成。因此不能将水性涂料理解为单纯的高分子成膜材料溶解于水后形成的混合物。但是水性漆一定程度上减少了传统溶剂型漆的有机溶剂类型和用量，符合科学发展的方向。

2. 传统油漆

古人最早使用的漆是漆树的分泌汁液，该灰乳色的汁液经过空气氧化后变成褐色乳状物，进一步干燥后是黑褐色固体。因此"漆黑一团"是天然漆的本身颜色。《韩非子》和《髹饰录》中就有"舜做食器，黑漆之。禹做祭器，黑漆其外，朱画其内"的记载。在我国河姆渡遗址中就曾出土过七千年前古人使用过的漆碗。该考古证明中华民族是世界上最早使用天然漆的民族。

漆树上的分泌汁液经过简单的杂质净化后就是生漆，生漆在经过搅拌和加温等处理后变成熟漆，熟漆经过调色后就是各类色彩的天然漆。天然漆中主要的成膜物质是漆酚，漆酚是含有15～17个碳的烷烃、烯烃或非共轭双烯和三烯。不同产地的漆树中漆酚的含量和种类都不相同。天然漆中的漆酶能进一步地氧化和聚合漆酚形成高分子树脂，因此漆酶又称有机催干剂。天然漆中的树胶质属于多糖类化合物，其可以看成天然漆中的乳化剂，能使天然漆形成稳定的胶乳。天然漆中水分的含量一般在20%～40%。因此天然漆的干燥速度较慢。天然生漆制备熟漆过程中，桐油是传统加入的溶剂，因为天然熟漆中的漆酚、漆酶、树胶质和桐油都属于挥发性较差的物质，因此天然漆很少会释放异味。

天然漆容易引起人体皮肤的过敏性反应，日本学者真岛和远山共同查明了漆树科的树汁液、果汁以及果壳的主成分在接触皮肤时的过敏原因是由漆酚所引起。漆酚的毒性已经被动物药理实验所证实，实验结果表明，0.001mg的天然漆就能使敏感动物产生过敏性皮疹。天然漆在干燥成膜后，漆酚逐渐被空气氧化并在漆酶作用下转化为高分子物质而失去毒性。总之我们选择天然漆和工业漆时应综合考虑其性能。

3. 现代漆

用缩聚树脂、聚合树脂和纤维树脂等工业高分子材料替代漆酚，通过各类助剂调和后可以制成能替代传统油漆的现代各类涂料。早期的涂料溶剂都是以二甲苯为代表的有机溶剂。在二甲苯对人体和环境的危害逐渐显现后，人们又尝试制作各类水性漆。虽然天然漆的人工合成尚未实现，但是符合国家标准的水性漆可以安全地在室内外使用。

参考文献

[1] 曾秀娜. 水性木器涂料的配方研究 [D]. 湖南大学硕士研究生论文，2010.

[2] 杜予民. 近年来天然漆化学研究概况 [J]. 涂料工业，1980，3，51～59.

[3] 段质美. 中国使用天然漆的历史已有7000年——有感于《中国大漆的前世今生》一文 [J]. 涂料史话，2010，25（10），68.

[4] 杨文光. "漆"字的漆是什么漆? [J]. 中国生漆，2017，36（1），52～55.

第三章

化学与日用品

纸张

纸是一种万能材料，一般意义上所说的纸是利用植物纤维经过人工机械和化学作用，与水配成浆液，经漏水模具滤水，使纤维在模具上交织成湿膜，再经干燥脱水形成有一定强度的纤维交结而成的平滑薄片。因此纸的定义包含四个因素：①原料是植物纤维；②造纸必须经过原料提纯、机械分散、成浆、抄水以及干燥等工序；③外观平滑、纤维分布均匀、薄片状；④用于书写、包装和印刷。

在中国汉代以前的很长时期，文字都是书写在简牍或者锦帛之上的，但是简牍比较笨重而锦帛又比较昂贵，这些缺点都限制了文字的使用和传播。造纸术的发明大大促进了中国古代文化的发展和文明的传播。众所周知，造纸术是中国古代四大发明之一，因此中国人是最早使用纸张的族群。根据古代文献记载，东汉蔡伦于公元105年发明了造纸术，而近些年的考古发现证明，其实在西汉时期已经有了纸，因此蔡伦仅仅是造纸术的革新者之一。

1．纸的成分

根据纸的定义，其组成成分就是植物纤维，植物纤维的主成分是纤维素和半纤维素。纤维素是由葡萄糖组成的大分子多糖；半纤维素是由集中不同类型的单糖构成的多聚体。虽然植物纤维素和半纤维素分解到最终都是单糖类物质，但是人体中不存在分解纤维素的酶，所以人体无法消化植物纤维，食草动物体内具有一种共生微生物能够分解植物纤维，因此纸张可以是食草动物的食物来源。

2．中国传统造纸术

中国是桑蚕丝织的原产地，据史书记载，黄帝的妻子嫘祖首创种桑养蚕之法和抽丝织娟之术。《诗经·周南·葛覃》中就有"葛之覃兮，施于中谷，维叶莫莫，是刈是濩，为絺为绤，服之无斁"的制作葛布的记载。利用苎麻和亚麻生产麻布也是中国人最早发明的。这些植物纤维的利用为造纸术的发明奠定了基础。东汉许慎的《说文解字》中解释纸字的意思是"纸，絮——苫也。从糸，氏声。"絮指的是敝绵（质量差的纤维），苫是草覆盖，糸是丝。这说明东汉以前的纸就是细短的丝渣在草盖上过滤风干后得到的薄片。随着历史的发展，以竹子等植物纤维制造纸张的技术进一步降低了纸张的成本，促进了文明的传播。

以传统的麻纸制作工艺为例，纸张的制作过程分为沤麻、切碎、灰浸、蒸煮、洗涤、舂捣、洗涤、打槽、抄纸、压榨和烘干等环节。沤麻是分离获取麻的造纸纤维的过程，一般的操作方法是将去掉枝叶后的麻秆放入水中发酵沤制以去除表皮得到麻秆纤维束；麻秆纤维束经切碎后浸泡在草木灰水或石灰水里以水解脱除和纤维束结合在一起的胶质物从而使得纤维束松解。在该过程中附着在纤维束上的杂色和污物等也得到脱除。由于胶质物和杂质的水解较为缓慢，古人在灰浸的时候往往采用加热蒸煮的办法以加快反应进度。在纤维束彻底松解后，将麻料过滤出来，然后用水淘洗以洗去灰分。为了使纤维进一步分解（分离散化），接下来反复用杵臼对纤维素进行舂捣和洗涤，待纤维素充分浆化后就可以将该麻料放入水中充分搅拌形成纤维素均匀分散的悬浊液，抄纸器在该悬浊液中捞出薄厚相对均匀的纤维素膜，该膜经过压榨挤水烘干后就形成麻纸。

根据各类古代书籍记载，中国传统造纸的原料除了麻之外还有树皮（桑树皮、檀木皮和构树皮等）、竹纤维、稻草以及各种混合料。

3. 现代纸的小秘密

理论上具有长链结构的各类纤维都能应用于造纸行业，例如很多造纸厂利用变性玉米淀粉进行造纸。郑明理曾报道了氧化淀粉在造纸行业中的应用。经过高锰酸钾、次氯酸钠、双氧水、过硫酸铵等氧化剂氧化的玉米淀粉用于纸张的表面施胶以提高纸张二向强度、平滑度和光泽度，使印刷清晰、层次分明和色泽艳丽；磷酸、尿素等与淀粉反应生成的磷酸酯淀粉能够增加抄纸时纸张的强度；淀粉和叔胺盐或季铵盐反应生成的阳离子淀粉能够增强纸张的强度。因此，目前市场上的纸张原料不是单一的天然植物纤维。

在现代造纸过程中，为了提升纸张的各种性能需要添加各类添加剂。例如为了提高纸页的均匀度、光滑度、光泽度和吸油墨性，在造纸过程中会添加滑石粉（硅酸镁矿物）。因此通常印刷类和书写类等文化用纸中都添加滑石粉。另外，纸张中常见的添加剂还有松香和硫酸铝等。

我国食品安全国家标准《食品接触用纸和纸板材料及制品》（GB 48.6.8—2016）规定预期与食品接触的各种纸和纸板材料及制品含铅和砷量应分别≤3.0mg/kg和1.0mg/kg；甲醛残留量应≤1.0mg/dm^3；荧光性物质应该是阴性（检测不到）。荧光性材料是一种在光照下能够吸收光并同时能向外发射不同波长的光的特殊性材料，该材料加入纸张中往往能够起到增白和使纸张颜色变得明亮等作用。荧光性材料一般分为无机材料和有机材料。其中无机材料包括稀土等过渡金属氧化物和盐类，有机荧光材料往往包含咔唑、卟啉、吡嗪和噻唑等有机共轭芳香性结构。无论是无机荧光材料还是有机荧光材料，因其对人都有一定的危害而禁止在包括餐巾纸在内的食品接触性包装纸中添加使用。

参考文献

［1］贺超海. 中国造纸术的起源、分期及其特征研究［J］. 洛阳师范学院学报，2016，35（12），27～31.

［2］杨珺. 浅议我国手工造纸的发展历史［J］. 攀登，2015，34（5），147～150.

［3］曹天生. 蔡伦"发明"造纸术之谜的再探秘［J］. 中华纸业，2016，37（1），82～86.

［4］刘超. 材料人文之从甲骨到造纸［J］. 新材料产业，2017，5，69～72.

［5］郑明理. 玉米变性淀粉在造纸中的应用［J］. 粮食与食品工业，2013，20（2），15～17.

［6］张新元. 变性淀粉及其在造纸中的应用［J］ 造纸化学品与应用，2015，4，12～22.

牙膏

　　刷牙是人每天必须进行的自身清洁卫生活动之一，因而牙膏也成了每天必需的日用品。在牙刷发明前，古人都是用盐水、浓茶或者酒进行牙齿清洁，在牙刷发明以后（考古学证明宋辽时代就有了牙刷）的很长时期内，人们使用不同的"牙粉"配合牙刷进行牙齿的清洁。例如北宋苏轼使用松香和茯苓粉配置成的牙粉刷牙；沈括所使用的牙粉的主成分是苦参；《本草纲目》中记载有"削（柳）木为牙枝，涤齿更妙"的文字；直到清早期《红楼梦》中所描述的贾宝玉刷牙是使用牙刷蘸青盐进行牙齿清洁的。那么，近现代工业产品牙膏中蕴含着那些化学知识呢？

1．牙膏的组成

我国国家标准《牙膏》（GB/T 8372—2017）中关于牙膏的定义是由摩擦剂、保湿剂、增稠剂、发泡剂、芳香剂、水和其他添加剂（用于改善口腔健康状况的功效成分）为原料混合组成的膏状物质。牙膏的基本功能是清洁口腔、减轻牙渍、减少软垢、洁白牙齿、减少牙菌斑、清新口气、清爽口感、维护牙齿和牙周组织（含牙龈）健康等保持口腔健康的作用。如果牙膏添加了包括防龋齿、抑制牙菌斑、抗牙本质敏感、减轻牙龈问题、除牙渍增白、抗牙结石、减轻口臭、改善口腔问题及其他功效的各种功效成分的牙膏就是所谓的功效型牙膏。因此常见的牙膏的组成较为复杂。

牙膏中的常见摩擦剂为二氧化硅和氢氧化铝，这两种固体物质因不溶于水和基本无毒可以作为牙膏摩擦剂使用；植酸钠作为牙膏添加剂能与沉积在牙面上的烟渍、茶渍等有色污渍作用生成能溶于水的有机复合盐，从而起到美白牙齿的功效；牙膏中的三聚磷酸能抑制牙菌斑的矿化而减少牙结石的生成，并能有效去除牙菌斑；牙膏中的羟基磷灰石能修复牙釉质的早期病变；以黄秀娟等研究的牙膏配方为例，其中就含有了二氧化硅、植酸钠、三聚磷酸钠、羟基磷石灰和珍珠岩等多种成分。

在牙膏中加入一定的活性成分就构成了功效型牙膏。例如丹皮酚是一种具有镇痛、抗炎、解热和抑制变态反应的活性物质，可以适量在抗过敏和防止牙龈出血等功效型牙膏中添加以消肿止痛、预防龋齿、消除口臭等。另外，三七皂苷、人参皂苷和异嗪吡啶等都是常见的功效型牙膏的添加成分。

我国国家标准《牙膏用原料规范》（GB 22115—2008）中明确规定了牙膏中允许使用的防腐剂为2-溴-2-硝基丙烷-1,3-二醇、5-溴-5-硝基-1,3-二噁烷和苯甲醇等48种；牙膏中允许使用酸性黄1、食品橙3、颜料红4和食品红1等102种着色剂。同时国家标准限定了6-甲基香豆素、氟化铝和双氯酚等39种限用成分的限用量；明确规定了二甘醇、乙二醇、麝香酮和硫化硒等173种禁用成分，以及雷公藤、川乌、莽草和槟榔等88种禁用天然植物及其提取物和制品名称。此外，国家标准规定了禁用的三氯乙酸、四乙基溴胺、甲巯咪唑和乳酸锶等1205中天然放射性物质或环境污染物质。

2．预防龋齿的牙膏

牙齿龋病是在以细菌为主的多种因素作用下发生在牙齿硬组织的一种进行性破坏的疾病，最初表现为牙面的脱矿，白垩色的改变，随着病情的发展，牙齿硬组织逐渐丧失并失去自身修复能力。

相关研究表明，儿童龋齿发生概率超过50%，2005年全国口腔健康流行病学调查显示，我国学龄前儿童的患龋病率为66.0%。在龋齿形成影响因素中，饮食习惯不良、刷牙方式不当、龋齿危害认识不足等均是关键因素。因为氟化物能对脱矿牙面起再矿化作用而具有预防龋齿的功能，据关玲霞的研究表明，一年两次的涂氟干预对乳牙龋的预防效果明显，并能有效抑制牙窝沟龋的进展以及显著促进光滑面龋损的再矿化。因此含氟牙膏的使用能预防龋病的发生和减缓龋病的发展。

需要说明的是，虽然氟是目前被确定有益于人类生长和发育的14种必需的微量元素之一，但是超过一定剂量的氟摄入却对人体产生毒害作用。研究表明，在最佳限度内每日补充氟化物可以在牙齿的外围形成保护层，有效预防龋齿的发生，除此之外，合理剂量的氟化物还能刺激骨细胞的增殖，使骨内矿物质沉积从而提高骨质的硬度（预防骨质疏松）。超出氟摄入的阈值能够增加骨折的概率、增加尿路结石的概率、降低出生率、降低甲状腺功能以及导致儿童智力低下。典型的慢性氟中毒临床表现为氟骨症和氟斑牙。因此有些文献建议，含氟牙膏和非含氟牙膏应该交替使用以避免氟元素的摄入量超标。

3．牙膏在生活中的其他用途

由于牙膏中含有氧化硅等摩擦剂和某些清洁剂，因此我们可以使用牙膏清洗银饰、镜面、茶垢、衣领和厨房污渍等，其清洗的原理和清洗牙齿相似。由于绝大多数功能牙膏都具有杀菌抗炎的作用，因此一般有巧用牙膏治疗脚气、烫伤和皮肤均裂等报道。

参考文献

［1］阡陌. 古人是怎样刷牙［J］. 2018, 8, 48.

［2］黄秀娟, 李毅苹. 一种复合型系统美白牙膏的开发研究［J］. 口腔护理用品工业, 2019, 29（2）, 15～18.

［3］黄鹏飞. 上海市中心城区3-6岁学龄前儿童龋齿状况及其影响因素研究［D］. 海军军医大学硕士毕业论文, 2016.

［4］关玲霞. ICDAS II 和DIAGNOdent检测早期龋与评价局部用氟防龋效果的研究［D］. 第四军医大学硕士毕业论文, 2017.

［5］张男. 鞍山市饮水型氟中毒病区降氟改水对儿童氟斑牙患病率影响的调查［D］. 中国医科大学硕士毕业论文, 2018.

陶瓷

　　陶瓷是指以自然黏土和各类天然矿物为主要原料经由破碎、混炼、成型和煅烧得到的各类成品。自然界中的黏土种类众多，传统烧制砖瓦所用的含铁量较高的黄褐色或红紫色可塑性较强的黏土一般称为陶土，陶土中氧化铁等氧化物杂质的含量比较高，一般温度不到1000℃即可烧结成型，这就是陶器。自然界中含铁量比较低的高岭土烧结温度在1200℃以上，烧成的器物便是瓷，因此高岭土又称瓷土。因烧制陶器的原料常见，温度也低，所以全世界各个历史文明中都有使用陶器的记载和考古证据。而烧制瓷器的方法公认是由古代中国人发明的。《中国陶瓷史》认为"大约在公元前十六世纪的商代中期……创造出了原始的瓷器"。在接下来至少三千年的历史时期内，全球的各类瓷制品都来源于中国。十八世纪中叶，欧洲传教士将中国烧制瓷器的方法传入西方后，法国才率先在欧洲成功地制备出硬质瓷器。

1. 陶瓷的成分

陶器的原料是普通的黏土，因此其成分复杂而种类繁多。传统瓷器的原料主要是高岭土，高岭土又称白云土，是一种以高岭石族黏土矿物为主的黏土和黏土岩，主要由高岭石（含水铝硅酸盐）、埃洛石（含水硅酸盐矿物，以氧化硅和氧化铝为主）、水云母（硅酸盐）和长石（含钙、钠、钾的铝硅酸盐）等矿物质组成。因此瓷器的主要成分是氧化硅和氧化铝，两者占比超过80%，其余成分为氧化钾、氧化钠、氧化铁、氧化钙和氧化镁等助溶剂和氧化剂。黄鸿燕对高岭土的成分进行了科学的探究，结果表明，高岭土中氧化硅含量为54.61%、氧化铝含量为31.33%、氧化铁含量为0.49%、氧化钛含量为0.70%、氧化钙含量为0.055%、氧化钾含量为0.35%、氧化钠含量为0.016%、氧化磷含量为0.10%、氧化锰含量为0.0036%。该组成成分和含量基本也是瓷器的构成成分和含量。据朱剑博士测量的古瓷主成分含量（氧化硅含量为62.38%、氧化铝含量为16.57%、氧化钙含量为0.33%、氧化钾含量为1.29%、氧化铁含量为2.69%、氧化钛含量为0.58%、氧化钠含量为0.49%、氧化镁含量为0.73%）表明，几千年以来传统的烧制瓷器的原料构成基本未变。

瓷釉是附着在瓷体表面的一层玻璃质涂层，其功能主要是增强瓷体的机械强度、增强防水性和美化瓷体。釉料主要由釉基、发色剂和助溶剂三部分组成。其中釉基主要是由氧化硅组成的，它是釉的玻璃质感的主成分；发色剂是形成各类颜色的基础，瓷釉的颜色主要是釉料中的有色金属氧化物作为发色剂导致的，如氧化铜就是绿色釉的发色成分，氧化钴是蓝色釉料的发色成分等；助溶剂是降低氧化硅等熔点的添加物，传统的助溶剂是草木灰（天然碱）。根据南宋青瓷釉的化学成分分析结果（氧化硅68.77%、氧化铝15.66%、氧化铁1.05%、氧化钙9.05%、氧化钾4.83%、氧化钠0.82%）表明瓷釉和瓷体的成分较为接近，但是瓷釉中钙、钾和钠的氧化物含量明显增高。因此瓷釉原料在较低的温度下就能玻璃化并附着在瓷体表面。另外，烧成气氛和烧成温度等都会对成瓷的颜色形成一定的影响。

2. 现代陶瓷

随着材料科学的不断发展，近年来产生了诸如纳米陶瓷、氮化物陶瓷、导电陶瓷和磁性陶瓷等各种新型陶瓷。例如以氧化铅和氧化锆为主要原料烧制的新型陶瓷是一种新型的压电材料，它能实现机械能与电能相互耦合。改进后的无铅压电材料是由氧化钛、氧化铋、氧化钠和氧化钡等成分构成的新型陶瓷。因此，改善和改变传统制瓷原料就能得到各类特殊用途的陶瓷，这类陶瓷都属于无机陶瓷。近年来，以有机硅聚合物为原料制备的有机陶瓷也在特殊材料研究方面取得了巨大的进展。

3. 陶瓷和玻璃

传统的玻璃主要是由硅酸钠和硅酸钙组成的无规则结构的非晶态固体。和晶体不同的是，所谓的非晶态固体是说玻璃的组成成分在各个方向上是相同的，因此玻璃没有固定的熔点，随着温度的升高玻璃会逐渐变软，因此非晶体也可以称为"过冷液体"。在很长一段历史时期内，烧制玻璃的原料主要是石英砂（氧化硅）、苏打（碳酸钠）和（或）石灰石（碳酸钙）。在高温下，苏打和石灰石都会分解生成钠和钙的氧化物，该类氧化物和氧化硅继续反应会生成硅酸钠和硅酸钙，这两类物质便是玻璃的主要组成成分。因此玻璃的原料和陶瓷相似，但是玻璃中钠和钙等碱金属和碱土金属含量比陶瓷高，碱金属和碱土金属的氧化物的存在能有效降低氧化硅和其他物质的共熔点，因此烧制玻璃的温度一般没有陶瓷高。很多人会误解玻璃是西方的产品，其实考古证明在我国历史上很久以前就有玻璃制品。李青会等研究表明，在战国时期我国同时存在钾钙玻璃、钾玻璃和钠钙玻璃。在西周和先秦时期大量应用于贵族死后陪葬品的被称为中国蓝和中国紫的两种玻璃都属于含铜和钡的硅酸盐玻璃。由于很长一段历史时期中国并未出现大规模玻璃材料的制备方法而限制了中国传统玻璃在民间的广泛应用。

参考文献

［1］中国硅酸盐学会主编. 中国陶瓷史［M］. 北京：文物出版社，2004.

［2］朱剑. 商周原始瓷产地研究［D］. 中国科学技术大学博士毕业论文，2006.

［3］黄鸿燕. 偏硅酸锂熔矿−ICP−AES法测定高岭土中主要成分［J］. 化工管理，2019，4，33～34.

［4］郝荣飞. 陶瓷材料及其生产原料激光探针成分分析［D］. 华中科技大学硕士毕业论文，2014.

［5］朱立峰，张波萍. 高居里温度铁酸铋基陶瓷的研究进展［J］. 工程科学学报，2019，8（41），961～967.

［6］胡智瑜，马青松. 异质元素改性聚硅氧烷衍生SiOC陶瓷研究进展［J］. 材料工程，2019，47（7），19～25.

［7］李沐. 战国秦汉时期费昂斯制品的制备及铅钡玻璃研究［D］. 北京化工大学硕士毕业论文，2014.

［8］李青会，黄教珍，李飞. 中国出土的一批战国古玻璃样品化学成分的检测［J］. 文物保护与考古科学，2006，2，8～13.

［9］朱瑛培. 新疆鄯善县洋海墓地出土玻璃珠的成分体系和制作工艺研究［D］. 西北大学硕士毕业论文，2018.

塑料

　　塑料是指以各类树脂为主要成分，以增塑剂、填充剂、润滑剂、着色剂等添加剂为辅助成分混合的材料。塑料制品是利用塑料的热流动性和成型性加工而成的各种用品。塑料以及塑料制品是近现代文明的产物，其主要组成成分是各类人工合成的有机纤维。天然界中存在的纤维结构主要是以各种单糖聚合而成的淀粉和植物纤维（棉、麻和树干的主要组成成分）以及由氨基酸聚合而成的蛋白质和蛛丝纤维。塑料纤维的发明是对天然纤维的补充和扩展。

1．塑料的发展历史

历史上第一个由天然植物纤维经人工改性合成的塑料产品是帕克塑料，1856年英国发明家帕克斯将硝酸和天然植物纤维素混合后得到一种新型材料，该材料在一定温度时易于塑型，但是由于当时该材料价格昂贵而限制了其应用和推广。1868年美国发明家海厄特发现樟脑加入帕克塑料中能增加其可塑性，当时这种被称为赛璐珞（celluloid）的塑料被证实可以成功地制备象牙替代品。赛璐珞是公认的第一个工业塑料。早期的通过植物纤维素硝酸化的塑料产品都极其容易燃烧，该性能限制了赛璐珞的使用范围。真正意义上的第一个纯人工合成的塑料是1900年美籍比利时化学家克兰德用苯酚和甲醛聚合而成的酚醛树脂。酚醛树脂因具有很好的防水绝缘性和可塑性被广泛地应用。截止到今天，酚醛树脂及其改性产品还在胶黏剂、涂料、油墨和阻燃等领域广泛使用。由于酚醛树脂的抗拉性能较差而鲜于作为纤维材料使用。人类第一个合成纤维是尼龙，尼龙又称锦纶，是20世纪30年代美国科学家卡罗瑟斯科研组研制成功的一种纤维材料，其生产工艺是由二胺和二酸缩聚或己内酰胺开环聚合。尼龙中的酰胺键和蛋白质中酰胺键相同，其耐磨性和弹性都比天然纤维好而得到广泛应用。尼龙的这种特殊性能在塑料方面也广泛应用。从酚醛树脂开始，人们已经成功合成出了若干种性能不同的塑料，虽然各种塑料的原料不同，但是其生产的基本原理都是小分子通过加聚反应和缩聚反应进行的。

2．塑料的种类

塑料大体上可以分为热塑性和热固性两大类。其中热塑性塑料受热时熔融，可以进行各种成型加工，冷却时固化，因此热塑性塑料可以反复加工利用；热固性塑料加热成型时发生化学交联，再次受热时不熔融，而且在常见溶剂中也难以溶解，当超过一定温度时被分解破坏，不能重复利用。

按照使用范围，塑料可以分为通用塑料、通用工程塑料和特种工程塑料三类。通用塑料使用温度一般在100℃以下，主要用于生活用品和非结构材料上，常见有聚乙烯、聚丙烯、聚苯乙烯和ABS（丙烯腈、丁二烯和苯乙烯三元共聚物）塑料等。常见的通用工程塑料使用范围在100～150℃，主要材料有聚酰胺-聚碳酸酯、聚甲醛、聚苯醚和热塑性聚酯等。特种工程塑料使用范围一般是150℃以上，常见的有聚酰亚胺、聚芳酯、聚苯酯和聚苯硫醚等。

3．常见塑料制品的材料辨别

我国国家标准《塑料制品的标志》（GB/T 16288—2008）中规定了塑料制品的标志类型和图案，其中顺时针旋转的箭头所形成的三角形表示通用可循环再造的塑料；三角形下会标注代表塑料材料的缩写；三角形内标注的数字代表塑料的成分，其中1代表聚对苯二甲酸乙二酯，2代表高密度聚乙烯材质，3代表聚氯乙烯，4代表低密度聚乙烯，5代表聚丙烯，6代表聚苯乙烯，7代表其他塑料（包括ABS树脂、聚甲基丙烯酸甲酯、聚碳酸酯和聚乳酸酯等），在特殊情况下ABS树脂可能单独用ABS三个字母标出。需要了解的是，1号材料能够耐60～85℃和普通酸碱，过热和长期使用时会释放出致癌物质，广泛应用于市售饮料瓶和食用油瓶等，不能加热使用。2号材料能够耐90～110℃，广泛应用于瓶子、购物袋、回收桶、农业用管、杯座和鲜奶瓶等，建议食品用途容器不应清洗后重复使用。3号材料能够耐60～80℃，因其中含有大量的塑化剂导致过热易释放出各种有毒添加剂，在管子、非食用性瓶子、保鲜膜和鸡蛋盒等方面应用广泛。4号材料能耐70～90℃高温，过热时易产生致癌物质，在塑料袋、各种容器、洗瓶和各类模塑的实验设备中广泛使用。5号材料能够耐100～140℃高温，在食品餐器具、水杯、豆浆瓶等方面广泛使用。6号材料能够耐70～90℃，在酸碱溶液（如橙汁）和高温下容易释放出致癌物质，不适用于存放酒精和食用油类物质，在食品餐器具、玩具、养乐多瓶、泡面碗、隔板和泡沫塑料等方面应用广泛。7号材料中的聚碳酸酯能够耐120～130℃高温，聚乳酸只能耐受50℃。ABS材料能够耐受70～100℃。综合来看，适合制造水杯的材质是5号聚丙烯和7号中的聚碳酸酯（PC），它们能够反复使用并耐受一定的温度。

在使用水杯等需要接触高温食物的塑料用品时，需要注意其耐受温度的范围，一般接触食品型塑料制品最好不要长时间接触高温以免其释放出毒害物质，另外塑料制品在长时间使用老化变色时应该及时更换。

4．塑料和塑化剂

为了增加延展性和柔软性，塑料在加工过程中往往会添加高分子材料助剂，其中塑化剂（增塑剂）就是在塑料、橡胶、黏合剂和医疗器械中常见的添加助剂。最普遍使用的塑化剂为邻苯二甲酸酯类和己二酸酯类增塑剂。邻苯二甲酸酯类添加到塑料中能增加其延展性；己二酸酯类添加到塑料中能增加塑料的耐寒性和柔软性。相当多的研究表明，添加于塑料中的塑化剂并未与塑料形成稳定牢固的化学键，相反，塑化剂在塑料中是以单体的形式存在而能够从塑料中迁移释放出来。塑化剂类物质被称为环境荷尔蒙，具有类雌激素的作用。过量接触塑化剂能导致内分泌紊乱、生殖和消化免疫系统异常，尤其对婴幼儿危害更大。因此美国和欧盟都明确限定了食品用塑料中塑化剂的添加和使用量。我国国家标准《食品容器、包装材料用添加剂使用卫生标准》

（GB 9685—2008）中也明确规定了各类塑化剂的使用量和检测方法。

　　各类塑料的焚烧和填埋导致塑化剂可能通过燃烧烟尘和地下水迁移等扩散到空气和水中，且相关研究表明，空气中也存在一定量的塑化剂类物质。例如天津地区的空气中塑化剂DEHPDE的含量曾达到75.68ng/m^3。

　　鉴于塑料中塑化剂对人体和环境的危害，各类环保型塑化剂的开发研究备受化学家们重视，例如邹训重等就报道了环保类型塑化剂柠檬酸正丁酯的合成工艺。相信在不久的将来，人类将完全淘汰有毒塑化剂在塑料中的使用。

参考文献

　　［1］韩锦平，王渝珠，殷明等. 塑料包装的创新历史［J］. 塑料包装，2013，23（6），54～57.

　　［2］付中阳.《废塑料分类分级及代码》国家标准编制研究［D］. 天津理工大学硕士研究生论文，2018.

　　［3］Shaofei Kong，Yaqin Ji，Lingling Liu，Spatial and temporal variation of phthalic acid esters（PAEs）in atmospheric PM$_{10}$ and PM$_{2.5}$ and the infuence of ambient temperature in Tianjin，China［J］. Atmospheric Envrionment，2013，74（4），199～208.

　　［4］杜珍妮. 含乳食品接触材料中塑化剂的检测及迁移规律研究［D］. 武汉轻工业大学硕士毕业论文，2016.

　　［5］邹训重，陈金伟，冯安生，等. 环保型塑化剂柠檬酸正丁酯的合成工艺探讨［J］. 塑料科技，http://kns.cns.cnki.net/kcms/detail/21.1145.TQ.20190716.1749.010.html.

织品

在原始时期，人类御寒主要是利用兽皮、树叶等，自从人类利用兽毛编制出各类织品后，人类对各种用于纺织的纤维的追求从未停歇。中国古人发现蚕茧纤维和葛麻纤维后编制出人工纺织的布料。因此《墨子·辞过》中就有"治丝麻，捆布绢，以为民衣"的记载。

1．天然植物织品

天然植物织品的代表是麻布和棉布。

麻布是中国历史上最为久远的传统布料之一。苎麻、大麻和黄麻等麻类材料中苎麻的纺织性能最好。手工苎麻布是苎麻经过半脱胶再经过手工编织而成的平纹布。苎麻的纤维（麻纱）通过沤渍、日晒雨露、煮沸或者灰治等传统方法半脱胶后保留了苎麻纤维嫩黄色的色泽与斑点，因此麻布具有较为明显的色泽不均一特性。明代棉花大面积种植，棉纺织技术的广泛推广，尤其是在清代随着棉纺织逐渐替代麻织后，麻布又赋予了"夏布"的名称，这主要是因为其透气性好、吸湿、传热快，是一种适宜于夏季穿着的服饰材料。麻纺在中国又有"国纺源头，万年衣祖"之称。因此"夏布"又可以解释为"自夏就有"的布料。先秦两汉时期，普通老百姓主要穿着葛麻纺织的粗糙服饰，因此，普通百姓又称为"布衣"。当时天然葛麻植物的茎皮纤维制成的粗糙织品称为"布"，而上层人士穿着的以蚕丝织成的绫罗绸缎等总称为"帛"。

麻布的主要成分是植物纤维素，也就是由葡萄糖多聚形成的天然纤维素。和麻布成分相同的棉布是由棉花纤维织出来的织品。棉花原产于印度和阿拉伯，宋代以后才在中原地区大量种植。虽然棉花纤维和麻纤维都是由葡萄糖聚合形成的，但是棉花纤维明显比麻纤维细腻柔软，因此和麻布相比，棉布明显手感柔软且吸湿性较好。这种纤维粗细的差异也导致了棉布没有麻布结实的性质差异。

2．动物织品

动物织品的最主要代表是由蚕丝织成的丝绸和各种动物毛纺品。

中国是世界上最早发明蚕桑技艺的国家，早在上古时期人们就掌握了养蚕和利用蚕丝纺织的技术，相传该技艺是黄帝的妻子嫘祖所发明的。据考古发现来看，距今五六千年之前就已经有了丝织品。河南荥阳仰韶文化遗址出土的丝织品残片已经距今5630年。由于养蚕比较辛苦和产量较低，从夏商到秦汉以来，蚕丝类织品都是上层人士才可以使用的贵族专属用品。秦汉以后，随着桑蚕业生产技术的迅速发展，丝织品数量以及种类越来越多，汉初贵族专用的蚕丝制品才逐渐扩散至下层百姓。但是和麻织品相比，蚕丝制品因其生产复杂、耗时费力等，在很长时期一直无法替代麻织品。

蚕丝的主要成分是一种特殊的蛋白质，蛋白质通过氨基酸脱水形成含酰胺键的高分子长链纤维。诸如蛛丝、蚕丝、动物毛发和尼龙等通过酰胺键形成的纤维都具有较强的韧性。

动物毛发也可以编制各类织品，但是和蚕丝相比，毛发纤维明显比蚕丝粗很多。由于人类无法将毛发分解成更细的纤维束，加之动物毛发的长度限制，动物毛发一直作为较厚的毛衣和毛毯等织品的原料。

3. 化纤织品

由于社会的发展和天然纤维来源的限制，工业化以来人们通过化学手段合成了各种合成纤维，在此基础上，人们得到了性质各异的化纤织品。其代表物质有涤纶、锦纶和腈纶等。

涤纶学名聚对苯二甲酸乙二酯，又称聚酯纤维。涤纶纺织而成的各类布料吸湿性和透气性都较差，因为纤维束之间的抱合力差而导致其容易起毛起球。

锦纶学名聚酰胺纤维，国外称为尼龙，其分子结构与毛发和蚕丝有相似的官能团。在纺织行业内由于成本等原因锦纶逐渐被涤纶取代，但是因其强度高和耐磨性好而在工业特殊材料方面应用依旧广泛。

腈纶学名聚丙烯腈纤维，因其外观呈白色蓬松卷曲状而被称为"合成羊毛"，人们经常将其和羊毛混纺作为羊毛的替代品。腈纶的耐磨性较差，熨烫承受温度在130℃以下。

4．天然织品和工业织品的区分

天然的棉麻制品因其不含有氮元素而具有较好的燃烧性能，燃烧之后的灰分较少，也不释放出难闻的气味。丝织品因其和毛发成分相似，因此其燃烧时会产生毛发烧焦的特殊味道，这是由天然蛋白质中的氮、硫和磷等元素燃烧后生成的特殊味道。各类化纤织品加热燃烧时都会有烧结现象，除了释放出化纤特有的气味之外，烧结的黑色颗粒也不容易碾碎形成粉末。因此燃烧是区分天然织品和工业织品较好的办法。由于动物毛皮和人工合成皮革的材料差异与蚕丝和化纤的差异相似，因此动物毛皮和人工合成皮革的区分也可以通过燃烧进行。

蚕丝和羊毛等动物织品的纤维表面往往包裹有细小的鳞片，由于鳞片具有顺着一个方向生长的特性导致其两个方向上的摩擦力不同，我们可以简单用手捋纤维表面，如果两个方向的摩擦力明显不同则能够辨别出动物纤维的材质。

参考文献

［1］廖江波. 夏布源流及其工艺与布艺研究［D］. 东华大学博士毕业论文，2018.

［2］吴方浪，温乐平. 制度设计与身份认同：秦汉丝织品消费文化研究［J］. 江西社会科学，2018，9，146-155.

［3］冯敏. 唐代丝绸文化与入华粟特人的文化认同［J］. 保定学院学报，2019.32（2），75-83.

［4］陈思羽. PVC材质在服饰行业的运用与发展［J］. 西部皮革，2018，11，131～132.

［5］杨友庆，龙莎. 纯山羊绒针织品的鉴别实践［J］. 中国标准化检验检测增刊，2018，96～100.

［6］马玉新. 浅谈皮革毛皮服装的材质鉴定［J］. 鉴定与检测，2017，9，81～82.

油墨

墨兄咱一家？

油兄你觉得呢……

　　作为文房四宝之一的墨一直为文人墨客所喜爱。墨的发明是我国先民对中国文化乃至世界文明的一个重大贡献，也是印刷术发明和应用的前提。

　　从商周时期我国先民就开始探究人工制墨的技艺。考古发掘证明，商周时期的书写材料已经逐渐由天然颜料向人工制墨转变，人工烧制的松烟制墨法至今流传了近三千年。从古法制墨到近现代运用于各类印刷品需要的油墨的制备，形成了庞大的油墨家族。

1．古法制墨

文献考证我国最早的传统制墨中占主流的是松烟墨，随着松烟墨制墨技术的发展逐渐出现了油烟墨。以宋代为分界线，宋代之前松烟墨占主要地位，宋代以后油烟墨就逐渐取代了松烟墨。

松烟墨是指用松木不完全燃烧后取得的烟炱（主要成分为石墨碳），再加以其他成分所制成的具有一定形制的墨锭。油烟墨是指用油料不完全燃烧后取得的烟炱作原料，再加以其他原料所制成的具有一定形制的墨锭，植物油、动物油和矿物油都可以制作油墨。无论是松烟墨或油烟墨，其主要原料都是不完全燃烧产生的石墨碳。研细后的黑色石墨碳无法附着在纸张之上，因此一定的胶黏剂是古法墨中必不可少的成分，宋代叶梦得的制墨法中的原料就仅仅是麻油（烧石墨碳）和胶两种。传统制墨中添加剂的作用无非就是黏合、增香和调匀等。例如清代内务府制墨的原料为桐油、猪油、紫草、生漆、白檀香、零陵草、排草、猪胆、冰片、麝香、糯米酒和广胶等，其中桐油和猪油用来烧烟，白檀香、零陵草、排草、冰片和麝香都是香料，生漆和广胶都是黏合剂，猪胆和糯米酒起到调匀的作用。传统制墨法所使用的胶多为动物胶，虽然文献中多有广胶、黄明胶、鱼胶、鹿胶、牛皮胶和阿胶等，但是因牛皮胶的价格低和原材料易得等因素，传统制墨法中以牛皮胶为最多。《齐民要术》《墨经》和《墨法集要》等文献中都有牛胶的具体熬制方法，简单来说，就是用牛皮经小火长时间熬制便能形成具有黏性的胶状物。

总之，传统的古法制墨运用的都是天然原料。如果在制作传统墨时添加暗红色朱砂则会产生朱墨（红墨）。朱墨也是一种传统墨。

2. 现代墨

随着近现代科技的发展，工业产品替代天然原料制备油墨成为历史的必然，同时随着印刷行业的发展，基于各类材料（塑料、金属和陶瓷等）的印刷油墨的需求也为油墨的制造工艺提出了新的要求。

基于油墨与被印刷物的黏合需求，各类树脂替代天然胶成了科技发展的必然，现代新型树脂能够让颜料的填充料均匀地分散在油墨中，具有良好的机械印刷转移性能。油墨的黏度、干燥性、光泽度、流动性、抗水性、固着性、耐磨性、耐酸碱和溶剂性等都主要取决于树脂的性能。常见的油墨用树脂有聚酰胺树脂（尼龙）、丙烯酸树脂和硝酸纤维素树脂等。

传统油墨使用的天然胶具有一定的水溶性，因此，传统墨仅仅用水就可以研磨成直接使用的墨汁。工业树脂替代天然胶后，由于树脂是非水溶性的，故现代油墨的溶剂都是非水性的有机溶剂，这使得溶剂具有低黏度的性能同时能调节油墨的黏度使之适合机器印刷。油墨中常见的溶剂有酯类、苯类、酮类、醇类和醚类，一般常使用乙醇、正丁醇、乙酸乙酯、硝酸丁酯、醋酸丁酯、甲乙酮、甲苯、二甲苯和丙酮等。

基于各种用途的需要，现代油墨中的呈色物质种类十分广泛。从材料上可将呈色物质分为有机颜料、无机颜料和染料三种。有机颜料是各种颜色的有机化合物，如果有机颜料具有一定的附着力，能够将纤维和被染物染成各种颜色则称为染料，因此染料对被印刷物的附着力更强。无机颜料是镉、铅和铬等金属的氧化物或络合物。无机颜料的使用需要考虑重金属对环境的污染以及对人体的危害问题。例如圆珠笔油墨中的有色成分是有机颜料，在油墨中主要起着色作用，目前用于生产圆珠笔油墨的染料主要是三苯甲烷类染料，一般由铜酞菁磺化后再与三苯甲烷染料反应制成。王炳娟对国内外不同厂家生产的130支黑色圆珠笔油墨进行了分析，结果表明，黑色圆珠笔油墨中的有色成分主要是甲基紫、结晶紫、碱性品蓝、碱性艳蓝和罗丹明等三苯甲烷类染料和磺化铜酞菁等。许荣富对蓝色圆珠笔油墨的研究结果表明其油墨中的染料成分为磺化铜酞菁、罗丹明B、碱性品蓝、甲基紫、结晶紫、碱性艳蓝B和碱性艳蓝BO等。

为了改善油墨的诸如黏稠度等某些性能，往往需要在油墨中添加各种填充物，无色的碳酸钙、氢氧化铝、硫酸钡和二氧化硅等是常见的油墨填料。

3．各类现代油墨

基于各类工业和人们生活的需求，性能各异的油墨使传统油墨家族更加丰富多彩。例如可食性油墨是一种新型的环保油墨，可直接印刷于食品、保健品和药品表面或包装材料表面。可食用性油墨的所有成分必须符合人们的食用要求，添加量要严格遵守《食品安全法》以及相关国家标准的规定。可食性油墨的色素分为合成色素和天然色素两大类，连接料（黏合剂）一般是植物油和糖，溶剂一般是水和乙醇，另外仍然需要添加一些乳化剂、稳定剂、增稠剂、表面活性剂、消泡剂、抗氧化剂、抗干燥剂和耐摩擦剂等。例如邵信儒曾研究和报道了利用天然提取的短梗五加果花色苷为呈色剂、卵磷脂和大豆油为分散剂、黄原胶和绵白糖为黏合剂制备可食用油墨的配方。欧阳琼林曾经研究和报道了应用于基于铜基的新型导电油墨的制备方法，该油墨在印刷后具有较好的导电性能。

通过对油墨的整体认识，我们知道将诸如报纸和书籍等非食品接触性印刷品包裹食物是不科学的。

参考文献

[1] 王炳娟. 黑色圆珠笔油墨种类的研究 [D]. 首都师范大学硕士学位论文, 2008.

[2] 许荣富. 蓝色圆珠笔油墨种类的研究 [D]. 首都师范大学硕士学位论文, 2008.

[3] 王伟. 中国传统制墨工艺研究——以松烟墨、油烟墨公益发展研究为例 [D]. 中国科学技术大学博士毕业论文, 2010.

[4] 陈卓. 古法制墨工艺探微——关于一个传统工艺案例的研究 [D]. 中国美术学院硕士毕业论文, 2015.

[5] 孙书静. 凹印油墨的原料成分 [J]. 湖北造纸, 2014, 3, 47 ~ 49.

[6] 邵信儒. 短梗五加果花色苷的制备及其在可食性油墨中的应用 [D]. 吉林大学硕士毕业论文, 2015.

[7] 欧阳琼林. 铜基油墨的制备及其性能研究 [D]. 中国科学院大学硕士毕业论文, 2018.

洁厕灵和84消毒液

　　洁厕灵是家庭卫生间常用品，很多家庭用它为厕所消毒。洁厕灵的主要成分是盐酸（氯化氢水溶液），另外洁厕灵中还含有微量的表面活性剂（可去油污）、香精、缓蚀剂、色素以及其他助剂。我国国家标准《卫生洁具清洗剂》（GB/T21241—2007）中规定便池和马桶专用型洁厕灵酸度应≤12%，通用型酸度应≤5%，表面活性剂马桶专用型应≥0.5%，通用型应≥3.0%。

1．洁厕灵的去垢原理

正常尿液中的主要成分是水（约95%），此外还含有大约1.8%的尿素、0.05%的尿酸和1.1%的无机盐以及一定量的人体代谢产物。马桶中的尿液因水分蒸发等原因会形成以尿素、尿酸和无机盐结晶为主的尿垢。与水相比，盐酸并不能快速有效溶解尿素和尿酸晶体，但能和尿垢中的无机盐和含氮碱性结晶反应促使其溶解，尿垢中含量较高的尿素和尿酸可以通过洁厕灵中表面活性剂的作用而溶解。因此，洁厕灵去除尿垢是盐酸和表面活性剂协同作用的结果。

水垢的主要成分是钙镁离子的碳酸盐和氢氧化物，盐酸能有效地和水垢反应生成可溶于水的物质，因此洁厕灵去除水垢的效果非常好。

2．洁厕灵的使用注意事项

洁厕灵中的盐酸可以和很多家庭用品发生化学反应形成腐蚀现象。如大理石的成分是碳酸钙，洁厕灵能和碳酸钙反应生成溶于水的氯化钙，因此，大理石上的污痕不能用洁厕灵进行清洗。与之相似的是，水泥地面也不能用洁厕灵进行清洗，否则会产生一定的腐蚀。

马桶陶瓷釉面也是无机材料，长时间接触洁厕灵后，盐酸能对马桶釉面产生一定的腐蚀，因此，用洁厕灵清洗马桶时最好不要长时间浸泡。

家用的洗衣粉、洗衣皂和洗洁精等都含有碱性官能团，当洁厕灵遇到这类物质时，相互之间发生化学反应导致洗涤效果降低，因此，洁厕灵最好单独使用。

3. 84消毒液

84消毒液的主要成分是次氯酸钠，广泛应用于宾馆、医院、食品加工行业和家庭等卫生消毒。次氯酸钠是一种强碱弱酸盐，在水溶液中能水解生成少量的次氯酸。次氯酸具有较强的氧化作用从而能破坏各类细菌和病毒的蛋白结构使其失活。同时，次氯酸具有较强的漂白作用，即将多种有颜色的物质氧化为无色而达到漂白效果。

因84消毒液具有较强的腐蚀性和漂白性，因此在使用时需要将其稀释以降低其腐蚀和漂白能力。84消毒液中的次氯酸能够氧化织物纤维并能使织物褪色，因此不建议用84消毒液消毒衣物。蔬菜和水果中含有诸如维生素等大量的还原性物质，因此84消毒液也不能消毒水果蔬菜。

次氯酸在光照作用下会分解生成盐酸和氧气从而失去消毒作用，因此84消毒液应该保存在阴凉或暗处以免失效。

盐酸和次氯酸混合时能生成剧毒的氯气，因此84消毒液和洁厕灵不能混合使用以免中毒。大量的案例表明，误服洁厕灵也会对人体肾脏、食管、肠胃和肺脏等造成不可逆转的危害，因此洁厕灵应该妥善保存以防儿童误服。

参考文献

[1] 帅玲，黄庭涅，熊薇. 蓝泡泡洁厕剂的环境危害及防治措施 [J]. 绿色科技，2016，22，72 ~ 73.

[2] 柳文晶. 洁厕灵中毒致急性肾损伤1例 [J]. 内科急危重症杂志，2017，23（5），435 ~ 436.

[3] 张慧英. 洁厕灵中毒致急性溶血1例 [J]. 中国现代医药杂志，2004，6（4），67.

驱虫剂

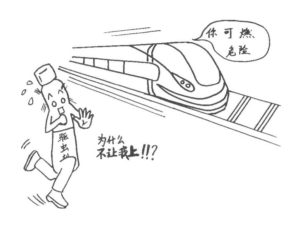

炎热的夏季也是蚊虫最活跃的季节，人体被蚊虫叮咬后可能会传染脑炎、登革热和丝虫病等病毒性传染病。很多家庭都会选择各类驱虫剂/驱蚊剂以防止被蚊虫叮咬。对于驱虫剂我们应该了解哪些化学知识呢？

1．传统的驱蚊虫方法

蚊虫叮咬后会导致皮肤局部红肿发炎，晚上被蚊虫叮咬后的瘙痒感会严重影响睡眠。庄子在《庄子·天运篇》中就吐槽"蚊虻嘈肤，则通昔（夕）不寐矣"的苦恼。一直以来，挂蚊帐是最佳的防蚊虫叮咬的好办法。《后汉书》就有"黄昌夏多蚊，贫无帱，佣债未作帱"的记载，这里的帱就是蚊帐，古人不惜借债制作蚊帐，可见人们对蚊虫的惧怕。

一直以来，人们也用烟熏驱蚊虫。欧阳修曾在《憎蚊》中写到"熏之苦烟埃，燎壁疲照烛"。艾草等含有特殊气味的植物加热生烟能驱赶蚊虫，艾草的驱蚊作用是由于其体内的艾草油具有驱蚊性。艾草油的主要驱蚊成分是1,8-桉树脑、2-莰醇（龙脑）和2-莰酮（樟脑）。朱一珂等利用超临界二氧化碳技术成功由艾草、苍术、川芎、厚朴、菖蒲和樟脑六种植物中提取有效成分制备出了能有效驱蚊的驱蚊液。小鼠动物实验未发现吸入性毒害。因此含有龙脑和樟脑以及桉脑成分的植物都有防蚊虫的作用。藿香、薄荷、八角和茴香等含有驱蚊成分的传统中药也就成了人们夏天的必备品，将这些中药装在荷包或香囊中随身携带也成了古人避蚊虫的方法之一。

蚊虫是青蛙等动物的食物之一，因此古人经常在庭院中蓄水并养殖青蛙，因蚊虫需要在水中产子（孑孓），水边阴凉地方经常会聚集一定的蚊虫，青蛙能有效地降低这些环境中的蚊虫数量。

综合古人的驱蚊方法，物理驱蚊（蚊帐）、化学驱蚊（植物挥发物）和生物驱蚊（青蛙）三方面都得到了有效的运用。

2. 驱虫剂的环境危害

无论是电蚊香还是点燃驱蚊的盘香都是利用其含有的有机物质进行驱（杀）蚊的。

目前市场上的驱蚊剂主要成分是避蚊胺和拟除虫聚酯等类合成药物。避蚊胺是美国农业部为美军野战军研制开发的一种广谱避蚊药物，对蚊子、蠓、蚋、白蛉、虱、蜱、螨和蚂蟥等都有良好的趋避作用，可有效防止虫媒病的传播。方华等用大鼠对避蚊胺的安全性能进行实验研究，结果表明，避蚊胺对皮肤具有一定的刺激作用，可能会引发过敏，该药物对雌雄鼠的最大无作用量有差异，分别为1000mg/kg和300mg/kg，雄性较雌性更为敏感。避蚊胺经口服和皮肤涂抹的动物致死量相近，说明该药物能够被皮肤吸收进入人体。因此人体在涂抹避蚊胺类驱虫剂时适当注意不要频繁和过量。在吸入性避蚊胺毒性方面，有研究报道称，大鼠在每立方米含1500mg工业避蚊胺空气中每天6小时，每周5天，连续7周后，大鼠的血液参数未发生明显变化；连续13周后，大鼠出现短暂的中毒症状。在各类动物的实验中，避蚊胺均表现出了一定的中枢神经抑制作用。因此选择避蚊胺驱蚊时应注意用量。

拟除虫菊酯类杀虫剂是继有机氯、有机磷和氨基甲酸酯杀虫剂之后的一类新型广谱低毒杀虫剂。这类杀虫剂具有效率较高、应用较广、对人类和家畜毒性较低以及植物残留也较低等优点，因而广泛在蚊香和驱蚊液中使用。

随着时间的推移，拟除虫菊酯类杀虫剂的使用也逐渐显现出不良的一面。聂振汪总结了拟除虫菊酯使用的几个弊端：①对鱼类的高毒性；②易产生抗性，一般5年左右即产生抗药性；③高污染性，拟除虫菊酯水解后产生高环境污染的化学物质；④内吸性低，由于该类分子亲水性差、亲油性强，因此昆虫的内吸性低而需要大剂量使用。

虽然拟除虫菊酯整体对人类来讲毒性较低，农业部批准的可用于电热蚊香液中的拟除虫菊酯类化合物的品种也较多，但是文献中也有大量的拟除虫菊酯对人体不良影响的科研报道。尤其是婴幼儿的使用需要谨慎。齐小娟对某县域1149对母亲－新生儿的研究表明，94.1%的孕妇尿液中同时检出了三种拟除虫菊酯类杀虫剂代谢产物，随着孕妇的拟除虫菊酯暴露水平的升高，幼儿发育商及智力指数出现降低的趋势，说明子宫内拟除虫菊酯类杀虫剂代谢产物暴露可能会对幼儿神经智力发育产生不良影响。

总体来讲，夏日里驱蚊虫的最佳办法是物理驱蚊（蚊帐和纱窗等）和生物驱蚊（植物驱蚊和青蛙等食蚊），在选择化学驱蚊剂（蚊香和电驱蚊液）时注意选择正规厂家生产的国家允许的家用驱蚊产品。

参考文献

[1] 齐小娟. 宫内铅、镉及拟除虫菊酯类杀虫剂暴露对婴幼儿生长发育的影响 [D]. 复旦大学博士毕业论文，2011.

[2] 王英杰，庄园园，包海峰，等. 纺织品中驱避剂艾草油和氯菊酯含量对驱蚊耐久性影响 [J]. 纺织检测与标准，2019，3，5 ~ 9.

[3] 方华，上官小来，岑江杰，等. 避蚊胺原药对大鼠亚急性经皮毒性研究 [J]. 浙江化工，2008，39（6），26 ~ 27.

[4] 董瑞武，董桂蕃，王效义. 避蚊胺（DETA）毒理学研究进展 [J]. 中国公共卫生，1993，9（10），455 ~ 456.

[5] 朱一珂，张永亮. 复方艾草驱蚊液的制备及应用 [J]. 中医药临床杂志，2016，28（12），1777 ~ 1779.

[6] 王趁，苟祎，范茹艳，等. 驱蚊植物的民族植物学研究进展 [J]. 中国媒介生物学及控制杂志，2018，29（5），530 ~ 538.

[7] 聂振汪. 大鼠体内氯氰聚酯的毒代动力学研究 [D]. 吉林大学硕士毕业论文，2016.

[8] 马红青. 液体蚊香中5种有效成分的同时检测 [J]. 化学世界，2016，10，613 ~ 616.

第九节

胶水

在日常生活中我们会遇到各种用于黏合作用的胶水，那么我们如何科学认识胶水呢？

1．胶水的黏合原理

两个物体间的黏合往往需要使用胶水，胶水中的黏合剂慢慢渗透到两个需要黏合面的物质中，随着胶水溶剂的挥发，胶水中的黏合剂和两个黏合面分子间如果能产生较强的"吸引力"，则能达到一定的黏合效果。因此黏合剂就是两个物体间的媒介物质。如果黏合剂分子不能和黏合物分子间产生作用力（如氢键，范德华力或发生化学反应生成化学键），则无法起到一定的胶黏作用，因此不同材质的物体的黏合需要不同种类的胶水。

胶黏剂的黏结过程可能是物理吸附过程也可能是发生化学反应的过程，当胶黏剂与被黏结物在界面上形成化学键时，胶黏剂的黏结性能最好。AB双组分胶就是利用两种物质之间的化学反应达到胶黏效果的。

2．传统的黏合剂

浆糊是传统的黏合剂，在纸张和木材等主含天然纤维的材料黏合方面应用广泛。浆糊的原料是面粉或淀粉，其主要成分是高分子链状多糖类化合物，浆糊的制备方法非常简单，将面粉或淀粉加入水中，加热情况下不断搅拌，待面粉熟后就是具有一定黏度的传统浆糊。在加热情况下，淀粉大分子逐渐溶胀和分裂，淀粉的胶束结构逐渐崩溃生成单分子和小分子结构，整个过程称为淀粉的糊化。糊化后的淀粉分子彼此牵扯又彼此相对分离，达到最佳黏合状态。如果温度过高或者糊化时间过长时，淀粉分子逐渐分解为小分子而逐渐失去黏性，如果糊化温度不够或者时间较短时，淀粉胶束没有充分分解，其黏性也较差，因此用面粉或淀粉制备浆糊时需要把控温度和时间。秦佳心曾研究在浆糊制作过程中添加碱的作用，结果表明，加入一定量氢氧化钠时，可提高浆糊的黏度。此时氢氧化钠部分分解长链淀粉生成长度合适的均匀多糖。在传统制作浆糊过程中，为了防止浆糊发酵和发霉，往往需要加入一定量的明矾起杀菌作用。传统文献中常常见到浆糊中加入白芨、黄蜡、藜芦、皂角或香茅等，其作用主要就是防霉和增香。刘舜强等曾研究各种添加料对浆糊抗菌性能的作用，结果表明，白矾和百部具有明显的抑菌效果。

在浆糊接触纸张时，在水分子的扩散作用下，淀粉分子逐渐渗透到纸张纤维素中，纸张纤维素也是由多糖结构构成的，因此淀粉多糖结构的羟基能和纸张纤维素分子之间形成比较强的分子间氢键，这种氢键作用就是浆糊将两页纸张黏合的主要力量，因此浆糊在黏合纸张时不需要很多，只要充分的渗透即可起到黏合的作用。

木材的主要成分和纸张相似，也是多糖类纤维素，因此浆糊对木材也具有一定的黏合作用。

近年来，用改良的天然纤维素制作的浆糊逐渐取代了传统浆糊，羧甲基纤维素钠（CMC）就是其中一种改性浆糊的主要成分。天然纤维素在经过氢氧化钠碱化后与氯乙酸反应生成醚化的纤维素乙酸钠盐即羧甲基纤维素钠，CMC在水中充分溶胀后形成透明的胶黏体而能够黏合纸张等物体。这种利用农业残渣（甘蔗渣）的纤维素制备浆糊的技术能够降低浆糊的成本。

动物胶也是传统的胶黏剂，动物的皮（牛皮、猪皮或驴皮等）中主要含有胶原蛋白，胶原蛋白大分子在加热变性过程中逐渐分解为中等分子的肽类物质而具有很强的黏性。这类物质对纸张和木材等都具有很好的黏合作用。传统的动物胶一般称为明胶。

3．现代黏合剂

很多化学物质都具有一定的胶黏性，因此家用胶水并没有单一或相似的成分。例如502胶水中的主要成分是 α - 氰基丙烯酸乙酯，白乳胶的主要成分是聚醋酸乙烯酯。这些胶水中除了主要黏合材料之外还需要加入大量的添加剂，如很多以甲醛等有害物质合成的高分子材料，它们都具有一定的胶黏性，为了限制这类物质在各种胶水中的使用，我国国家标准也在相关方面进行了严格的规定。例如中华人民共和国化工行业标准《橡胶用黏合剂

A》（HG/T 2197—1991）中明文规定了橡胶用黏合剂中游离甲醛的含量不能超过5%，结合甲醛含量不能超过40%。

我国1996年颁布的国家标准《胶黏剂分类》（GB/T 13553—1996）中明确将胶黏剂分为动物胶，植物胶，无机及矿物胶，合成弹性体，合成热塑性材料，合成热固性材料和热固性、热塑性材料与弹性体复合七大类。动物胶包括骨胶、皮胶等；植物胶包括纤维素衍生物（如羧甲基纤维素钠）、多糖及其衍生物（如传统浆糊）、天然树脂（如阿拉伯树脂和各种树胶）、植物蛋白（如大豆蛋白胶）。无机及矿物胶包括硅酸盐类和矿物蒸馏残渣（如沥青）两类。合成弹性体包括聚丁二烯类（如丁苯橡胶）、聚烯烃类（如乙丙橡胶）、卤代烃类（如氯丁橡胶）、硅和氟橡胶类（如硅橡胶）、聚氨酯橡胶类（如聚酯型聚氨酯）、聚硫橡胶类、遥爪型液体聚合物类（如丁二烯橡胶）以及其他合成弹性体（如氯醚橡胶）。合成热塑性材料包括乙烯基树脂类、聚苯乙烯类、丙烯酸聚酯聚合物类、聚酯类、聚醚类和聚酰胺类等。合成热固性材料包括环氧树脂类、氨基树脂类、酚醛树脂类和呋喃树脂类等。热固性、热塑性材料与弹性体复合类包括酚醛复合型结构胶黏剂等。

近年来，随着科技的发展，多种新型的黏合剂相继出现。无溶剂和水性黏合剂就是其中之一，这种黏合剂中不含有任何溶剂，通过设备的升温和保温均匀地涂在基材上，在高温情况下快速扩散到基材分子之间形成一种胶黏作用。例如林培生就曾报道一种聚氨酯胶黏剂的黏合原理和使用方法。

王娟娟等曾经报道了一种以水为溶剂的新型陶瓷黏合剂，该黏合剂以聚乙烯醇和聚乙烯醇缩甲醛为基料，添加一定的增塑剂、增韧剂和分散剂，具有较好的黏合效果。叶萌报道了利用羧甲基纤维素钠和明胶进行复配形成的环保型黏合剂，并成功地将其应用到锂电池中。

参考文献

[1] 刘舜强，曹枫，李晓迪. 添加滑石对书画装裱浆糊性能影响的研究 [J]. 文物保护与考古科学，2012，24（3），47～51.

[2] 刘舜强，曹枫，潘思羽. 不同添加成分对书画装裱浆糊抑菌效果的评价试验 [J]. 故宫博物院院刊，2009，6，140～144.

[3] 秦佳心. 碱性物质在小麦淀粉浆糊中应用的比较研究 [J]. 档案学通讯，2008，6，72～75.

[4] 于孟楠. 传统纸质书画装裱用浆糊材料改进研究 [D]. 西北大学硕士毕业论文，2017.

[5] 周良银. 裱以糊就：传统手工装裱之浆糊探析 [J]. 齐鲁艺苑，2018，5，69～72.

[6] 王娟娟，赵康，冯拉俊，等. 一种水溶性黏合剂的制备及其应用研究 [J]. 化学推进剂与高分子材料，2011，9（3），65～72.

[7] 林培生，杨灿雄，方奕文等. 无溶剂聚氨酯胶黏剂黏合原理与复膜零缺陷控制方案 [J]. 塑料包装，2019，29（1），51～54.

[8] 王惟帅，杨世琦. 羧甲基纤维素钠制备及改性研究 [J]. 合成纤维，2018，47（10），24～30.

[9] 叶萌. 环保型黏合剂在锂离子电池中的混合技术 [D]. 武汉理工大学硕士毕业论文，2013.

[10] 杨涛. 聚氨酯改性环氧树脂胶黏剂的研究 [D]. 机械科学研究总院硕士毕业论文，2017.

金属制品

　　金属及金属制品是生活中常见的物品，如人们在厨房中使用铁制或铝制的炊具，在家装中经常会使用不锈钢门窗和饰品，还会储存金银等贵金属以保持财富的价值。对于生活中的金属制品我们又了解多少呢？

1. 常见贵金属

　　贵金属主要是指铂族元素中的钌、铑、钯、锇、铱和铂六个金属和金、银的总称。贵金属具有优良的抗腐蚀性、稳定的热电性、优异的感光性、高温抗氧化性以及良好的化学催化活性，在现代工业、军工以及高新技术方面应用广泛。贵金属在地壳中的含量都不多，加之各类贵金属在地壳中的存在相对都比较分散，富集和提取都不容易。因此各种贵金属价格都比较贵。我国是银矿资源中等丰度的国家，总保有储量银11.65万吨；我国的黄金资源比较丰富，总保有储量金4265吨，居世界第七位；我国的铂族金属矿产资源比较匮乏，总保有储量铂族金属310吨。

历史上，随着冶炼技术的发展提高，人们逐渐掌握了从自然界中获得金、银和铜的技术，以黄金和白银为代表的贵金属因体积小、价值大、经久耐磨、极易分割和可长久保存等特点逐渐成为人们交换物品时的货币媒介。全球不同文明中都有长时间运用金属作为货币的历史阶段。在贵金属中，金和银在地壳中的储量相对较多，因此历史上用于充当货币的主要是这两种贵金属。

在近现代工业革命以后，由于国家诚信体系的确立，在货物交换过程中纸币逐渐替代了金属货币。金银作为货币逐渐退出了历史舞台。但是由于贵金属的稀有和价值高的特点，尤其是贵金属优良的稳定性而被制成各类饰品。现阶段贵金属在日常生活中的运用就是饰物材料和实物保值两个方面。

2．金属防锈

除了银制品之外，各类贵金属在空气中非常稳定而不需要进行特殊的防锈处理。在空气中，银（标准电极电位为0.7991V）能够被氧气（标准电极电位为1.229V）缓慢氧化为氧化银（Ag_2O）和过氧化银（AgO）。氧化银（Ag_2O）和过氧化银都是白色物质，因此正常的氧化并不影响银的装饰性。在生活中，我们经常发现银饰品变黑的现象，杨长江通过对变色发黑的金银币使用扫描电镜、电子探针、X射线光电子能谱和X射线衍射进行剖析，研究金银币表面的银饰导致其变色发黑的主要原因，结果发现银币的锈层中主要含有硫化银（Ag_2S）、亚硫酸银（Ag_2SO_3）和氧化银（Ag_2O），该结果说明大气中的硫化氢和二氧化硫在氧气作用下可以和银生成黑色的银锈。银材料不纯或者银饰抛光过程中的污染物（碳、氧、镁、硅和铁等杂质）会加速银表面变色发黑的过程。方景礼等将银分别浸入到无氧和含氧的硫化钠溶液中发现，金属银在含氧的硫化钠溶液中很快（数秒内）由银白色变成黄色乃至棕色。当没有氧气时银并不变色，这说明在硫离子作用下氧气能将银氧化为硫化银黑色沉淀。古人经常使用银器以检验食物中是否有毒，其实银器验毒仅仅局限于古代的砒霜，因为古代生产砒霜的技术比较落后，砒霜中常常含有一定量的硫离子，金属银在空气中很快和硫离子反应生成黑色的硫化银，因此银器验毒仅仅局限于含有硫离子的砒霜的检验，而其他的毒性物质或者硫离子含量非常低的砒霜并不能被金属银快速检测出来。

相关的研究表明，金以及其他贵金属在空气中变黑都和其中的银元素有关，也就是说达到一定纯度的贵金属除了银以外都很难在空气中氧化变色。

现有的防止银制品表面变色的工艺主要是在银中加入惰性金属（钯、铂和金等）和在银表面电镀一层惰性不易氧化的金属，这两种办法都需要加入比银更昂贵的金属。因此金属表面的简便廉价防护仍然是目前正在研究的前沿性课题。大量研究表明，银饰表面可以用氧化铝或者氧化银附着进行保护。

铝制品是家用器具的常见材料，铝单质的化学性质非常活泼，在正常情况下，金属铝的活性远远大于金属铁，但是生活中很少见到铝的锈蚀。在空气中金属铝表面会生成一层较为惰性的氧化铝膜，致密的氧化铝膜保护内层的金属铝不和氧气继续反应，因而诸如铝锅和铝壶等炊具能够正常使用而不被继续氧化。铝制品餐具在洗刷时最好不要用坚硬的东西进行摩擦以免划伤氧化铝保护膜而促使铝的氧化锈蚀。

和铝制品相比，铁制品就容易在空气中被氧化锈蚀。在潮湿的氛围中，空气中的氧气很容易和铁反应生成氧化铁。研究表明，在无水干燥的环境中，铁的锈蚀非常缓慢。

在金属中加入其他元素就形成各种合金，不锈钢就是在钢铁中加入了其他金属形成的在空气中耐腐蚀的钢铁合金。一般情况下，钢材中的铬和镍含量越高，其耐腐蚀性越强。例如基于铁－铬－碳的不锈钢材料就是一种良好的耐腐蚀的马氏体不锈钢，其中含碳量＜0.03%，含铬量为17%，含镍量为4%～6%，同时含有少量的钼（0.5%～2.5%）。日常生活中常见的不锈钢和铝合金等都不需要经过特殊的防锈保护。

参考文献

［1］李迪，张振宇，贾诗瑶. 货币演变规律问题研究［J］. 现代经济信息，2018，5，304～305.

［2］杨长江. 金银币变色机理和抗变色工艺研究［D］. 大连理工大学博士毕业论文，2008.

［3］方景礼，蔡孜. 镀银层的变色与防护——机理与方法［J］. 中国科学B辑，1988，18（5），451～473.

［4］方景礼，余耀华. 镀银层光照和Na_2S处理致变色的机理［J］. 电镀与精饰，1985，13（4），8～14.

［5］杨永亮，白雪松，李娜等. 银饰表面氧化铝保护膜的防腐蚀性能［J］. 科学技术与工程，2017，17（28），172～175.

［6］于晓岩，李财林. 轴承滚子防锈工艺分析［J］. 轴承，2014，6，18～20.

［7］王胜利. 超级马氏体不锈钢成分、工艺和腐蚀性能的研究进展［J］. 连铸，2019，44（3），23～28.

体温计

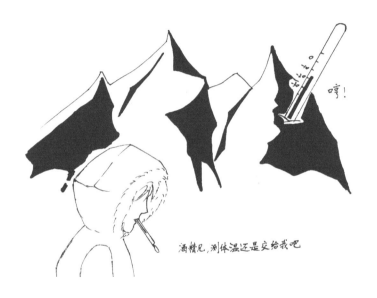

　　最早的温度计是1593年由意大利科学家伽利略发明的。华伦海特首次利用水银测量温度并建立华氏温标。摄尔修斯利用水的凝固点和沸点建立了百度温标。以此为基础，到18世纪末，热学发展为精准的科学。

　　西方传教士在清代将温度计传到中国，随着测温技术的发展，时至今日很多家庭都常备体温计以便于测量体温，有些时候体温计被打碎后里面的汞珠会洒落在地板各处，玻璃碴很容易清扫，但是对于不容易收集和处理的汞珠该怎么办呢？

1．温度计的测温原理

人们很久以前就发现常见物体的热胀冷缩现象，因此固定量的物质的体积和温度具有相关性，人们利用这个相关性可以将测量温度转化为测量体积。由于汞金属在-38.9℃（其凝固点）到200℃之间的体积膨胀和温度几乎呈线性关系，因此固定量的汞的体积可以间接表示环境温度，这就是温度计的测温原理。

汞俗称水银，常温常压下是一种液体金属，其沸点为356.7℃，随着大气压的升高，水银的沸点也逐渐升高，因此在80个大气压下，水银可以最高测试800℃的温度。

由于人体体温的波动范围不大，因此体温计的量程不需要很宽。鉴于水银在离开人体皮肤表面之后就会收缩的本性，人们发明了专门用于测量体温的离开人体后水银柱几乎不动的水银温度计。水银温度计的囊泡的容积比上面的玻璃管容积大很多，微小的温度变化引起的水银的体积变化都能在玻璃管的标尺上体现。当体温计接触人体皮肤（一般是腋下、口腔或肛内）一段时间后，体温计内的水银温度和体温达到一致。在囊泡和玻璃管之间是一段很细小的毛细管，当体温计离开人体导致水银收缩时，水银在毛细管处断裂，毛细管之上玻璃管内的水银几乎能保持在固定的位置，因此体温计在离开人体后还能较准确地读取体温数字。体温计的玻璃材料随温度变化引起的内腔增大导致体温计读数偏差非常小，往往可以通过刻度矫正而接近真实值。

不同成分的液体可以制成不同的温度计。例如需要测量-40℃以下温度时，水银温度计就因为汞的凝固而无法准确工作，利用水银中加入其他金属形成液体合金时凝固点会下降的性质可以制备汞-铊合金温度计，其量程可以低至-60℃。一些有机液体制备的温度计的量程也比较低，如乙醇温度计的量程一般是-80 ~ 80℃；煤油温度计的量程一般是0 ~ 300℃。乙醇和煤油因为其无色而不容易观察，故此类温度计的溶剂中一般会通过添加有色物质以便于观察。

2. 汞的毒性和处理方法

因为玻璃材质易碎的特性，家用温度计不可避免的可能碎裂而导致水银的散落。与一般液体相比，由于汞的金属性，汞原子核通过电子紧密结合在一起，因此汞的表面张力比较大（常温下为483mN/m，水的表面张力为72.8mN/m），因此汞散落在地面时很容易形成多个小液珠。由于汞是一种有毒的重金属元素，能以单质形式存在于大气、土壤和天然水体中，地板上的小汞珠极易挥发到空气中，空气中的汞蒸气能够通过呼吸系统、消化系统和皮肤进入身体内，汞蒸气进入肺泡中后可以完全被人体吸收。人体的肝脏和肾脏都不能将汞排出体外，因此汞在人体中可能被富集。研究表明，汞可以通过血脑屏障，造成脑损害；汞能引起心脏、甲状腺、肝和肾等病变；汞也能导致神经系统紊乱及慢性汞中毒。我国国家标准《空气质量标准》（GB 3095—2012）中规定环境空气中汞的参考浓度限值为0.05μg/m³，《大气污染物排放标准》（GB 16297—1996）规定汞及其化合物最高排放标准为0.015mg/m³。水银体温计中汞的量大约为1g，即使0.1g的汞挥发到室内也会使空气远远超过相关国家标准而引起人的中毒。

汞珠散落在地面后，我们捡起来的汞珠由于没有渠道回收而成了环境污染的来源，很多人直接将汞珠扔进垃圾桶，这些汞会通过气化和渗透污染土壤、大气和地下水。处理汞的最好方式是加入硫黄覆盖，硫黄在常温下可以自发和汞反应生成不挥发的硫化汞，因此，散落在地板各处的汞可以用硫黄进行处理。

汞蒸气的密度远远大于空气，因此地板上汞的挥发使靠近地面的空间汞的浓度增加，开门窗通风能有效地将汞扩散到室外而降低室内汞的污染。无论何种处理汞的方式都不能达到环境友好和安全。

　　总体来讲，保护好温度计不碎裂是最科学地使用温度计的前提。

参考文献

　　[1]张树涛. 浅谈玻璃液体温度计的结构与工作原理[J]. 品牌与标准化, 2019, 1, 66 ~ 69.

　　[2]冯珊珊, 郭世荣. 温度计知识在晚清的传播[J]. 科学文化评论, 2019, 16（2）, 45 ~ 57.

　　[3]唐楠. 浅谈玻璃液体温度计计量检定工作需注意的问题[J]. 科学技术创新, 2019, 18, 182.

　　[4]杨猛. 环境监测实验室室内空气中汞污染研究[J]. 绿色科技, 2013, 11, 200 ~ 201.

补牙材料

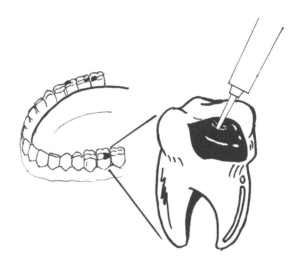

补牙是用人造物质修补牙体缺损的方法。用于修补的物质叫充填材料。用于补牙的材料分为银汞合金材料、烤瓷及玻璃材料、钛合金材料和树脂等。

1. 传统补牙材料

在汉代张仲景的《金匮要略》中有用砷剂治疗龋齿的记载。砷剂逐渐发展演化为补牙的银剂。在唐代显庆年间苏敬等编著的《新修本草》（又名《唐本草》或《英公本草》）中就记载了用银膏补牙的技术，这里的银膏就是传统的牙齿修复材料银汞合金，其制备方法是"以白锡、银箔和水银合成之"。金属银、锡和汞形成的合金具有抗压强度好、硬度高、耐磨损和能承受咀嚼压力等优点。

随着历史的发展，由汞和一种或多种金属形成的合金成为最重要的牙齿充填材料。在咬合力较大的后牙槽的充填材料中，银汞合金的性能最为优越。用黄金替代银制作的金合金也是应用比较多的牙齿充填材料，但是其价格比银汞合金高很多。

总体来讲，合金的黏着性较差，在小体积牙齿空腔的填充时较少应用。合金良好的导电性能导致容易形成电化学腐蚀现象。因此口腔中有合金充填材料时尤其需要尽量缩短牙齿和电解质的长时间接触，饭后及时清洁口腔以保护合金充填材料。

作为补牙材料的银汞合金中的重金属因具有一定的毒性而备受争议。南京医科大学附属口腔医院陈亚明曾经综述了银汞合金毒性的相关文献，相关的报道有四个方面：①银汞合金填充后，唾液和尿液中汞的含量明显增加；②银汞合金加热到60℃时即可导致汞的游离，因此温度较高的食物可能导致银汞合金材料中汞的溶出；③牙齿美白剂中的化学物质可能导致银汞合金的腐蚀和汞溶出；④银汞合金可能引起其下方牙髓的改变。鉴于银汞合金潜在的危害，瑞典已经率先禁止在临床使用银汞合金，加拿大建议不要在孕妇、儿童和肾功能损害以及患免疫系统疾病的患者身上使用银汞合金，德国立法规定禁止育龄妇女和儿童使用银汞合金，因此我们在选择银汞合金补牙时需要慎重。

2．现代补牙材料

进入20世纪以来，各种口腔材料层出不穷。20世纪50年代中期，金属烤瓷修复技术成功应用于临床；金属烤瓷是将白石榴石加入长石类瓷粉中以提高其热膨胀系数，使其能与金属的热膨胀系数匹配，这样便于制作烤瓷熔附金属冠。烤瓷熔附金属冠结合了金属内冠的强度、边缘密合度和瓷的美观，目前被广泛应用于牙科临床。

1960年聚羧酸水门汀问世，水门汀是金属盐或氧化物作为粉剂与专用液体调和固化而成的一类具有黏结作用的无机非金属材料。1971年出现了玻璃离子水门汀技术，它是玻璃粉和聚丙烯酸反应生成含离子键的聚合体，在该玻璃离子中加入光固化树脂是目前主流的补牙方式，光固化树脂克服了之前材料的黏度低、填充不牢固的缺点。添加了光固化树脂的玻璃离子水门汀材料可以修复牙颈部缺损、修复乳牙和冠核成型等。

目前牙科临床上应用最多的材料是复合树脂。复合树脂和无机填料混合后，既增强了材料的黏附度又增加了强度。甲基丙烯酸甲酯、顺丁烯二酸酐改性的环氧树脂就是牙科用树脂的代表，无机填料主要包括玻璃粉、氧化硅、铝硅酸盐和/或硼酸盐。

起源于20世纪60年代的种植牙技术是牙科临床出现的一种新的修补牙齿的方法，瑞典科学家布轮·马克偶然发现活体动物骨骼能与高纯度的钛金属异常牢固地结合，形成一个坚固整体而不会出现动物体的排斥现象。该技术使钛合金成功运用于牙齿的修补临床。与其他修补牙齿材料相比，钛及其合金具有优越的机械性能、稳定的化学性能、良好的生物相容性和耐腐蚀性等优点。

综合眼花缭乱的补牙材料，除了银汞合金之外，其他的各类材料都主要由两类物质组成：基质和胶黏剂。其中基质解决的是牙齿的耐磨性，因此玻璃、陶瓷和各类氧化物都是耐磨性材料；胶黏剂解决的是如何将耐磨材料黏合并结合在现有的牙基上的问题。由于牙齿的特殊性，任何物质在咀嚼过程中的磨损和渗出都是不可回避的问题，因此我们在选择补牙材料时需要思考补牙剂的材质以免对身体造成不必要的伤害。

参考文献

［1］张蕾. 对补牙、补牙材料及补牙的注意事项的探讨［J］. 大家健康, 2013, 7（9）, 90～91.

［2］夏尧. 材料的进步为人类带来福祉——看口腔材料的发展历史［J］. 新材料产业, 2016, 8, 68～72.

［3］陈亚明. 漫谈：银汞合金, 还能爱你多久？［J］. 口腔材料器械杂志, 2017, 26（4）, 169～172.

［4］范德增. 口腔充填修复材料高铜银汞合金的发展与未来前瞻［J］. 高新材料产业, 2019, 2, 46～49.

婴儿奶嘴

没奶...
干嘛给我嚼这个

婴儿奶嘴是绝大多数婴儿的日常必备品，很多父母也喜欢用婴儿安抚奶嘴来满足儿童非营养性吮吸的需要。因此我们有必要了解婴儿奶嘴的相关化学知识。

1．婴儿奶嘴的材质

根据相关规定，婴儿奶嘴的材质只能是天然橡胶、顺式-1，4-聚异戊二烯橡胶和硅橡胶三种。因此，奶嘴的主要材料可以分为橡胶和硅胶两种。从肉眼判断，一般硅胶材质的奶嘴是无色透明的，较为耐用；橡胶类制品比较柔软，颜色发黄，受制于各类添加剂的限制而不太耐用。

硅胶奶嘴在生产过程中会残留一些加工助剂，此类助剂容易迁移挥发到环境中，因此奶嘴的挥发性物质可能对婴幼儿造成一定的伤害，曾有报道2018年上海市奶嘴产品质量监督抽查结果，14家企业生产的30批样品中有4批检测不合格，其中两款就是由硅胶奶嘴中的挥发性物质含量超标造成的。

绝大多数橡胶制品都需要通过高温硫化最终成型，在硫化过程中，仲氨基硫化促进剂和硫黄给予体分解后会释放出仲胺，仲胺与空气或者配合剂中的氮氧化物反应生成N-亚硝胺。流行病学研究发现，人类的肝癌、胃癌和膀胱癌等可能与N-亚硝胺有关，因此相关国家标准和法规都限定了橡胶奶嘴中的N-亚硝胺含量。陈德文等测定了国内外21个品牌的奶嘴样品中N-亚硝胺的含量，结果表明，所有样品中都检测出了不同类型的N-亚硝胺化合物，迁移的总N-亚硝胺集中在0.04～0.68mg/kg，该数值均小于国家标准中的相关规定（小于10mg/kg）。

2. 婴儿奶嘴中的可能迁移物

橡胶和硅胶都属于高分子材料，在其成型过程中不可避免地会添加各类添加剂以增强其使用性能，因此奶嘴中的可迁移物种类较为复杂。邱烨等曾对比研究了橡胶和硅胶两种奶嘴的浸泡液蒸发残渣量，结果表明，橡胶奶嘴在不同食品模拟液浸泡条件下的蒸发残渣量均大于硅胶奶嘴。

各种材质的奶嘴中可迁移物都严格受到国家相关部门的监控，我国食品安全国家标准《奶嘴》（GB 4806.2—2015）中规定制作婴幼儿奶嘴的材料只能局限于符合国家相关食品安全国家标准或法规的天然橡胶、顺式-1,4-聚异戊二烯橡胶和硅橡胶三种，其他橡胶不得用于生产奶嘴。该标准同时对奶嘴中总迁移量、高锰酸钾消耗量、重金属、锌迁移量、2,6-二叔丁基对甲苯酚迁移量、2,2′-亚甲基双（4-甲基-6-叔丁基苯酚）迁移量、N-亚硝胺和N-可生成物释放量和各类添加剂的限量均做了明确的规定。

我国国家标准《婴幼儿安抚奶嘴安全要求》（GB 28482—2012）中对于婴幼儿安抚奶嘴的材料、特定元素的迁移（锑、砷、钡、镉、铅、铬、汞和硒）、各种邻苯二甲酸酯［二丁酯、丁苄酯、二（2-乙基）己酯、二正辛酯、二异壬酯、二异癸酯六种塑化剂］、N-亚硝胺和N-亚硝基物质的量也做出了明确的规定。

和普通奶嘴相比，安抚奶嘴和婴儿口腔接触时间更久，因此国家标准对安抚奶嘴的限制规定更为严格，我们也不能将普通奶嘴当作安抚奶嘴长时间给婴儿吮吸。另外，凡是符合国家标准的各类奶嘴都可以放心使用。

参考文献

［1］万雨龙，樊哲，叶俊文. 中外奶嘴产品技术标准对比研究［J］. 中国标准化，2018，5，111～114.

［2］刘亚娟. N-亚硝胺抑制剂等因素对天然胶乳胶膜性能及N-亚硝胺含量影响的研究［D］. 海南大学硕士毕业论文，2014.

［3］陈德良，陈梅兰，王正林，等. 婴幼儿奶嘴中12种N-亚硝胺类物质迁移量的检测［J］. 橡胶工业，2018，65，102～104.

［4］刘大晨，宋文涛，王飞. 环保型硫化促进剂CBBS在橡胶中的应用研究［J］. 橡胶科技，2017，10，34～37.

［5］周丽佳，姜莹，刘文栋，等. 婴幼儿安抚奶嘴中N-亚硝胺和N-亚硝基物质释放量的测定不确定评估［J］. 化学世界，2019，60（2），91～97.

［6］邱烨，李佳慧，李靖，等. 婴幼儿乳胶和硅胶奶嘴蒸发残渣量的比较［J］. 食品科学技术学报，2014，32（5），80～82.

［7］张雅婷，倪彬彬，顾秉善，等. 婴幼儿安抚奶嘴质量安全问题分析与对策建议［J］. 质量管理与监督，2018，1，166～168.

［8］陈明，倪慧银，王琼，等. 液液萃取-气相色谱-质谱法同时测定奶嘴中12种N-亚硝胺释放量［J］. 食品安全质量检测学报，2018，9（17），4612～4617.

尿不湿

一次性尿不湿主要是由外层塑料薄膜防漏层，纤维素纸浆、高吸水性物质组成的吸收层和最贴近皮肤的绵纸层组成，其中高吸水性物质一般为聚丙烯酸钠。

1. 尿不湿的吸水原理

除防漏层、纸浆和棉纸之外，尿不湿能吸收尿液（水）的最主要因素就是聚丙烯酸钠。在干燥无水的情况下，羧酸钠固定在聚丙烯碳链上，极性的羧酸钠结构起到链与链间的交联固定作用。当水接触聚丙烯酸钠后，水分子渗透到高分子链间，羧酸钠在水作用下电离，钠离子可以相对自由地移动到三维交联网状结构之外，羧酸根的负电荷互相排斥使网状结构扩大，形成溶胀的胶束。此外，羧酸根的负离子对钠离子的吸引作用使得钠离子也不可能大量逃离胶束，因此水相和胶束相之间的钠离子浓度差导致渗透压的产生，水分子快速地扩散到胶束内。这就是聚丙烯酸钠快速吸水的原理。

由于有机羧酸钙和羧酸镁都是弱电解质，在水中电离度很小，因此尿液中的钙离子和镁离子扩散到胶束内后能够取代钠离子的位置生成不溶的聚丙烯酸钙和聚丙烯酸镁，这种不溶的结构导致胶束破乳形成凝胶化沉淀。因此，尿液中的钙镁离子能够使尿不湿变硬，同时使吸水性变差。

2．聚丙烯酸钠的其他用途

近年来，人们发现高吸水性聚丙烯酸钠可以吸附多种重金属，该特性可以应用于重金属污染土壤的修复。聚丙烯酸钠对于重金属的吸附作用类似于尿液中的钙镁离子对于聚丙烯酸钠的破乳作用。常见的重金属盐和有机羧酸根能结合生成电离度很差的沉淀，这种沉淀作用导致土壤中的重金属扩散到聚丙烯酸钠胶束中后无法再次扩散出来。黄胜君等的研究表明，尿不湿对重金属离子，尤其是铅离子具有很强的吸附作用，因此尿不湿可以作为铅离子富集的材料。

有报道指出将聚丙烯酸钠喂饲猪可以治疗猪胃溃疡，这是因为黏性高的聚丙烯酸钠提高了胃内物质的黏稠性，从而阻碍了胃内物质过快混合并减少了强酸对胃食道黏膜的腐蚀和刺激，同时黏稠的聚丙烯酸钠附着在胃黏膜壁上能够保护胃黏膜。另有文献报道聚丙烯酸钠还可以作为蛋白凝聚沉淀剂来回收动物蛋白，还可以制造人造羊水和辅助治疗癌症。

3．聚丙烯酸钠的生理活性

丘丰等曾经利用小鼠、大鼠和菌株测试了聚丙烯酸钠的毒性，结果表明，聚丙烯酸钠对哺乳动物的体细胞、生殖细胞无致突变作用，对细菌检测系统无遗传毒性作用，每天给予大鼠0.5g/kg的聚丙烯酸钠喂饲6个月后，各项结果均无明显异常。因此，聚丙烯酸钠可以作为食品添加剂安全使用。

参考文献

［1］王珊，张杨，雷红茹. 探究尿不湿结构与材料性质的实验活动设计［J］. 中国现代教育装备，2018，9，36～40.

［2］黄胜君，郝娟，曲贵伟，等. 不同尿不湿高吸水性物质吸附重金属离子研究［J］. 辽东学院学报，2015，22（4），260～266.

［3］曲贵伟. 废弃尿不湿中聚合物对镉污染土壤的修复研究［J］. 辽东学院学报，2017，24（1），21～27.

［4］曲贵伟. 尿不湿中高吸水性聚合物对矿区土壤的修复及紫花漆姑草（*Spergularia purpurea*）生长的影响［J］. 农业环境科学学报，2013，32（7），1348～1354.

［5］张守林，马宏佳，陶亚奇. 探究活动一例——尿不湿中丙烯酸钠吸水特性探究［J］. 中学化学教学参考，2003，8，53～54.

［6］丘丰，胡怡秀，臧雪冰，等. 聚丙烯酸钠的毒性研究［J］. 当代医师杂志，1997，2（2），57.

［7］荣维华. 聚丙烯酸钠有无毒性问题的探讨［J］. 发酵科技通讯，2000，29（2），43.

暖宝宝

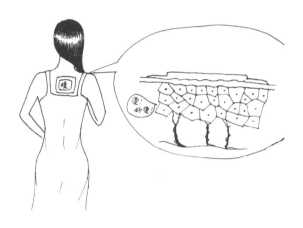

暖宝宝又称为暖贴，是冬天户外活动时很多人的必备品。暖宝宝贴在皮肤上后能较长时间地保持一定的温度而防止皮肤受到冻害。

1. 暖宝宝的成分和工作原理

暖宝宝是典型的将化学能转化为热能的小型"发热机"。其发热的原理就是铁粉和空气中的氧气发生氧化还原反应时会释放出热量。根据原电池的原理，铁粉和活性炭混合后组成基本的原电池，在导电的电解质体系中，铁粉和氧气分别在铁和活性炭周围传递电子缓慢发生氧化还原反应并放出热量。一般暖宝宝中添加的导电电解质是潮湿的氯化钠，为了防止热量快速散失，一般暖宝宝中都添加蛭石（含铝镁的硅酸盐）以降低热量的传播速度从而起到保温的效果。

很久以前中医就利用铁粉氧化发热的原理治疗一些疾病。"坎离砂"就是在铁粉中添加食醋，铁和醋酸在缓慢反应生成醋酸亚铁的过程中释放出热量，中医临床用其治疗风寒湿痹、四肢麻木、关节疼痛和脘腹疼痛等疾病。《中国药典》95版记载的坎离砂是铁粉和醋酸发热体系配以芬芳开窍、祛风散寒和活血止痛的中药使用。冯桂玲曾报道了坎离砂在慢阻肺患者中的护理效果，每250g主要含铁粉的坎离砂加米醋15g，搅拌后装布袋中，待发热后贴敷涌泉穴，结果表明坎离砂能有效缓解患者病情，值得推广应用。

正常的金属铁在空气中氧化生成氧化铁的速率很缓慢。因此我们无法观察到金属铁直接被空气氧化的过程。将铁制作成铁粉后，随着比表面积的增大，铁和氧气反应的速率会逐渐增大，当铁粉比表面积增大到一定程度后（超细颗粒铁粉），铁粉就能快速地和氧气反应并释放出热量。有研究表明，纳米级颗粒的铁粉遇到空气就能直接燃烧。在无法将铁粉加工成超细颗粒的情况下，可以用各种酸和铁反应，因此不考虑其他添加的中药的作用，"坎离砂"和暖宝宝的发热原理相似，因此对人体的作用应该也相似。

2．使用暖宝宝的注意事项

大量的研究表明，49℃的热源持续接触人体皮肤3min可导致皮损害，超过9min表皮将坏死；44℃的热源持续接触皮肤6min可导致皮肤不可逆损伤；在44 ~ 51℃时皮损程度和接触时间成正比。当撕掉暖宝宝的空气隔绝膜后，铁粉和氧气发生氧化还原反应，该过程所放出热量的大小受到铁粉的形态（颗粒度）、铁粉的浓度、电解质的含水量、电解质的添加量以及暖宝宝的使用方式等多种因素的影响。例如，当暖宝宝直接紧密接触皮肤时，氧气扩散进入量就较低；若暖宝宝贴在透气性较好的内衣上时，氧气能够快速扩散进入铁粉表面发生反应。因此暖宝宝的放热量较难以控制，正常情况下暖宝宝能够较长时间保持50～60℃，大量的临床报道因使用暖宝宝不当导致烫伤的案例，因此暖宝宝使用时应注意低温烫伤的可能。

参考文献

［1］顾晔. "暖宝宝使用前后主要成分的探究"教学实录［J］. 化学教育，2011，12，73～75.

［2］俞桂飞，高志鹏. 基于真实情景的主题式复习课的设计及反思——以《暖宝宝中的化学》为例［J］. 教育与装备研究，2019，1，60～64.

［3］刘晓虹，何清源，周莺，等. 坎离砂发热效应的研究［J］. 湖南中医杂志，2005，21（4），89～90.

［4］冯桂玲. 坎离砂贴敷涌泉穴在慢阻肺患者中的护理效果评价［J］. 实用临床护理学电子杂志，2019，4（24），37，45.

［5］蒋辉，殷坤勇，李延光，等. 暖宝宝致低温烧伤［J］. 华西医学，2012，27（9），1382～1383.

第十六节

湿纸巾

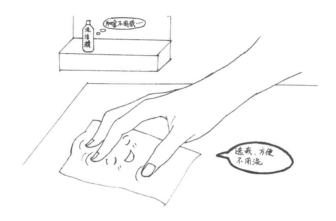

我们在外就餐或者野外活动时喜欢使用便捷的湿纸巾对手和面部进行简单的清洗和消毒，其实除了一般清洁皮肤用的湿纸巾外，还有专门用于妇女卫生、卸妆、婴儿和男士的产品，因此湿纸巾绝不是简单的浸湿了水的布。

1. 湿纸巾的主要成分

湿纸巾首先需要加入一定的保湿成分，目前常见的湿纸巾中主要添加了一定量的丙二醇进行保湿。丙二醇结构中的两个羟基能够和水分子形成较为牢固的氢键，因此丙二醇和水可以无限混溶（任何比例溶解于水）而具有保湿性和吸水性。和甘油（丙三醇）相比，丙二醇同时具有一定的抗菌活性，这有利于湿纸巾的长久保存和撕开包装后短时间内抑制细菌的生长。因为75%的乙醇具有杀菌的作用，因此部分湿纸巾中添加75%乙醇进行杀菌消毒，但是乙醇的挥发性比丙二醇高，因此乙醇的保湿效果较差。此外，部分人对乙醇过敏也导致湿纸巾中广泛用丙二醇替代乙醇。丙二醇属于低毒化学品，广泛应用于化妆品、牙膏、香皂和染发剂中，正常的使用并不会对人体造成伤害。赵怀宝等的研究结果表明在人体正常肠道细菌代谢过程中也会产生丙二醇，这说明人体日常也会接触和吸收一定量的丙二醇，因此丙二醇对人体毒性较小。

我国国家标准《一次性使用卫生用品卫生标准》（GB 15979—2002）中规定卫生湿巾对大肠杆菌和金黄色葡萄球菌的杀灭率不得低于90%，其杀菌作用在室温下至少保持1年。部分厂家通过添加杀菌剂以增加湿纸巾的杀菌效果，常见的杀菌剂为苯扎氯铵。苯扎氯铵作为杀菌剂能够杀灭大部分的大肠杆菌和金黄色葡萄球菌等细菌。日常的洗手液、滴鼻液和隐形眼镜护理液都可以使用苯扎氯铵作为抗菌剂。其他诸如75%乙醇、4-氯-3,5-二甲基苯酚、六氯酚、双氯酚、三氯生、烷基三甲基溴化胺、洁尔灭、洗必泰和过氧乙酸等，都可以作为湿纸巾的杀菌剂。

在湿纸巾中添加一定的防腐剂和表面活性剂可以增加去污效果，常见的表面活性剂都可以在湿纸巾中使用。

对于添加了各种杀菌剂的湿纸巾的安全使用也备受人们关注。刘彩霞等报道了婴儿用湿纸巾能更有效杀灭革兰氏阳性菌等细菌和真菌从而降低婴儿尿布皮炎的发病率。梁启财等的研究表明，使用消毒纸巾在ICU物体表面进行消毒可以取得满意的消毒效果，且能减少物体表面消毒所需要的时间。因此，各类湿纸巾的科学使用确实能够起到一定的杀菌消毒作用。

2．湿纸巾的安全使用

湿纸巾能够在一定范围内清除我们手上的细菌和污物，因此很多人潜意识中有可以用湿纸巾替代日常洗手的想法。原国家卫生部出台的《消毒产品标签说明书管理规范》中明确指出，卫生纸巾等产品包装上禁止标注消毒、灭菌和除菌等字样，以免让消费者误以为"用湿纸巾等同于洗手"。因此使用湿纸巾绝对不能代替洗手。在用流动的清水洗手的过程中除了清除污物和细菌之外，还能尽最大可能地减少洗涤剂和杀菌剂在皮肤上的残留，从而杜绝了相关添加剂通过手进入到口腔的危险。

湿纸巾尽可能不要接触包括眼睛和嘴巴在内的敏感部位以防止刺激相关组织或者相关化学物质进入人的消化系统。因此，正常情况下并不提倡用湿纸巾擦面部。

参考文献

［1］赵怀宝，任玉龙．结肠微生物菌群代谢产物的研究进展［J］．饲料研究，2019，5，93～97．

［2］刘彩霞，肖志荣，沈平，等．婴儿用湿纸巾预防新生儿尿布皮炎的效果观察［J］．护理实践与研究，2013，10（4），113．

［3］王娟．以壳聚糖及其衍生物为抗菌剂制备抗菌纸和湿纸巾的研究［D］．天津科技大学硕士毕业论文，2005．

［4］梁启财，郑鸿亮，何棣平．消毒湿纸巾在ICU物体表面消毒中的应用［J］．医疗装备，2019，32（12），48～49．

［5］龚盛超，吴家始．湿纸巾的发展概况［J］．造纸科学与技术，2003，23（4），63～66．

家用去污剂

家用去污剂总体可以分为固体和液体两种，洗衣粉（肥皂粉）、肥皂（香皂和洗衣皂）、洗洁精、洗头膏和沐浴露等都属于家庭常见的去污剂。由于生活中人们面对的"污"主要是衣物或皮肤上的难溶于水的食用油污和皮肤分泌的油性物质。因此所有家用去污剂都是针对去油"污"设计的。

1．去污剂的去污原理

从科学的视角，任何被视为"污"的物质都是由原子通过不同的化学键构成的。由能够电离的离子键构成的污物能轻易地被水冲洗干净，因此汗液中的盐分和衣物上吸附的灰尘等污物的清洗不需要添加去污剂（添加了也没明显的作用）。

衣物上较为难以清洗的就是食用油污和皮肤分泌的有机污物。以食用油污为例，其分子结构为长链的脂肪酸甘油酯，整个分子因含有较少的极性官能团而显示出较强的亲油疏水性。根据相似相溶的原理，油脂可以溶解在汽油、煤油、环己烷、氯仿和苯等极性较小的有机溶剂中，衣物的干洗就是利用这个原理。最早使用的干洗剂是四氯化碳，第二次世界大战以后，四氯乙烯逐渐取代了其他类型的干洗剂成为最常用的干洗剂。

需要说明的是，虽然四氯乙烯具有很好的去污能力，但其潜在的毒理性质也不能被忽略。临床医学研究表明，长期接触四氯乙烯会导致癌症及后代畸形。虽然我国国家职业卫生标准《工作场所有害因素职业接触限值》（GBZ 2.1—2007）中规定四氯乙烯加权时间平均允许浓度为200mg/m^3，但是对于干洗衣物的四氯乙烯残留量并未作出明确的规定。干洗后残留在衣物中的四氯乙烯大部分可以通过皮肤接触进入血液，挥发在空气中的四氯乙烯也可通过呼吸进入人体内。因此商业干洗后衣物中残留的四氯乙烯的危害不能被忽视。人体对四氯乙烯的嗅觉阈浓度是50ppm，低于此值时人的嗅觉识别不到四氯乙烯的存在，因此我们不能通过嗅觉判断干洗衣物四氯乙烯的残留量。

一般家庭衣物都是通过水进行清洗的，根据相似相溶的原理，油污的长链脂肪酸甘油酯分子和水分子分别属于弱极性和强极性化合物，其相似度差异很大，因此油脂在水中的溶解性很差。当油脂和水混合时会产生明显的分层现象，为了增加油脂在水中的溶解性，人们不断地研究和发展消除这种分层的表面活性剂。一般情况下，基于油−水的表面活性剂分子的构成可以分为两端，其一端是亲水性的官能团，该端能够溶解在水中；另一端是亲油性的官能团，该端可以溶解在油中，因此该分子结构可以看成是水和油之间的"胶黏剂"。在少量油和大量水体系中，表面活性剂可以通过其亲油端包裹油脂溶解在水中；在少量水和大量油体系中，表面活性剂可以通过其亲水端包裹水溶解在油中，通过这种方式我们可以在水中添加表面活性剂以去除衣物中的少量油污。因此，家用的各类去污剂都是具有亲油端和亲水端的"双头"表面活性剂。

2. 历史上常用的去污剂

人类开始利用火之后就发现草木灰具有一定的去污能力，草木灰中含有一定量的碳酸钾，遇到水时碳酸钾溶解形成碱性溶液（强碱弱酸盐电离呈碱性）。油脂中的羧酸甘油酯遇到碱性溶液时容易发生皂化反应水解生成甘油和长链羧酸盐，这两种水解产物都能溶解在水中。因此古人很久以前就发现并运用草木灰去除衣物和皮肤上的油污。虽然草木灰的水溶液呈较强的碱性（pH值能够超过12），会对皮肤和衣物产生一定的腐蚀性，但是直到今天人们在厨房中依然利用纯碱（碳酸钠，和草木灰中的碳酸钾属于同系列物质，性质相似）去除油污。

油脂皂化后生成的长链羧酸盐结构中同时含有亲水基团（羧酸盐端）和亲油基团（脂肪长链端）。因此皂化反应产物具有一定的去油污能力。此外，草木灰水去油污的能力在一定量范围内是逐步增强的。当人们发现这个现象后就刻意地寻找利用油脂制备去污剂的方法。

消化系统中胰腺分泌的胰液具有消化蛋白质、脂肪和糖的作用，胰液能够将脂肪消化为脂肪酸盐和甘油。因此古人发现将动物的胰脏和油脂混合后能产生具有去污能力的"胰子"。胰子的主要去污物质还是长链的脂肪酸盐。因此利用草木灰、纯碱和（或）动物胰脏去污或者制备去污剂的原理相同。

中国境内分布着大量的富含皂苷的植物。皂苷又称为皂角苷，其结构为含有三萜或螺甾烷的糖苷类化合物，该类化合物的三萜或螺甾烷端是典型的亲油端，糖苷端因其糖的结构而属于典型的亲水端，因此皂苷是典型的表面活性剂并具有去油污的性质。我国特有的皂角树的果实中就含有大量的皂苷类化合物。因此我国古代先民一直有利用皂角进行洗涤和去污的习惯。利用皂角制备的肥皂团也一直是中国古代去污的重要用品。明朝李时珍的《本草纲目》就记载了利用皂角制备肥皂团的方法："肥皂荚……可食，十月采荚，煮熟捣烂……澡身面，去垢而腻润，胜于皂荚。"

3．各种新型去污剂

基于家用去污剂去污的基本原理，只要是分子中同时具有亲水和亲油官能团的结构都具有一定的去污效果。因此家用去污剂的主要成分的结构都类似，常见的家用去污剂中的表面活性剂有十二烷基苯磺酸钠、脂肪醇聚氧乙烯醚硫酸钠、脂肪醇聚氧乙烯醚羧酸钠和 α-烯基磺酸钠等。近年来，各类新型的去污剂层出不穷，但其基本的原理和结构都不曾改变。

例如淀粉和纤维素都属于多糖类的亲水性分子，能够溶解在水中。当此类多糖通过化学反应进行酯化改性或接枝改性引入亲油性的官能团时就可以形成具有糖基结构的新型去污剂。陈云霞就报道了利用魔芋葡苷聚糖和淀粉为原料合成的能够清洗各类工业材料污物的新型清洗剂。

脂肪酶能够催化油脂水解生成亲水性的脂肪酸而达到去污效果。因此近现代产生了添加脂肪酶的去污用品。另外，为了去除蛋白质污物，加酶洗衣剂还添加了碱性蛋白酶以降解难溶性蛋白质从而起到一定的去污效果。

4．各种去污剂的区别

随着生活水平的提高，人们对传统碱性较强的去污剂进行改性以降低碱性和腐蚀性的需求日益增强，通过在传统去污剂中添加各类添加剂以满足人们的不同需求。例如洗面奶、洗衣粉、洗洁精或者沐浴露的主要差异仅仅是添加剂不同，其主要去污成分都是不同的两亲性（亲水性和亲油性）表面活性剂。再如，透明皂的主要去污物质为十二烷基苯磺酸钠、脂肪酸钠和三乙醇胺，添加剂包括防腐剂（延长肥皂的保质期）、溶剂（乙二醇，为了提高肥皂透明度）、香精（提高肥皂的嗅觉舒适度）、着色剂（提高肥皂的视觉舒适度）、润肤剂（保持皮肤柔韧和改善皮肤的整体外观）、摩擦剂（清洁皮肤角质层外层）、保湿剂（皮肤调理剂）、封闭剂（防止水分蒸发）和（或）药物成分（抗菌、祛痘或抗过敏等）等。

参考文献

［1］刘懿丹. 干洗服装中四氯乙烯残留量检测及环境释放行为的研究［D］. 浙江理工大学硕士毕业论文，2017.

［2］马艳英，任清庆，傅科杰，等. 超临界CO_2萃取技术在检测干洗服装四氯乙烯残留量中的应用［J］. 毛纺科技，2019，47（3），61～65.

［3］陈云霞. 多糖基去污材料的制备及性能研究［D］. 西南科技大学硕士毕业论文，2013.

［4］毛雪彬. 含异构醇醚微乳洗涤剂的制备及性能研究［D］. 中国日用化学工业研究院硕士毕业论文，2017.

［5］李立芬. 环境友好型洗涤剂配方的研制［D］. 华南理工大学硕士毕业论文，2011.

［6］赵浩. 近代上海肥皂工业研究［D］. 哈尔滨师范大学硕士毕业论文，2017.

［7］石露伊（翻译），刘伟毅（编校）. 传统肥皂的洗涤机理［J］. 中国洗涤用品工业，2015，4，40～53.

［8］荀合. 工业洗涤剂的剖析研究［D］. 华南理工大学硕士毕业论文，2011.

［9］杨媛. 微生物脂肪酶在洗涤剂中的应用机理研究［D］. 山西大学硕士毕业论文，2018.

电池

相比于对物理能量的利用，人类对化学能的研究和利用经历了很长的时间。历史上掌握了用火的技术标志着人类首次实现了自主控制能量的转化（从化学能转为热能），后来人们通过驯化植物掌握了从太阳能转化为化学能的方法，金属的冶炼技术是将火的热能转化为化学能的过程。在近代科学的发展基础上，人们逐渐注意到电能并努力探究对其利用和转化的科学方法。电池就是将化学能转化为电能的装置。

1．电池的工作原理

电流是电子在电势差作用下的定向移动。在氧化还原反应中，必然会涉及电子由还原剂向氧化剂的移动，这种电子的移动也是由氧化剂和还原剂间的电势差引起的。在溶液中发生氧化还原反应时，由于氧化剂和还原剂的混合而难以测量到电子的定向移动，此时的能量转换主要表现为化学能转化为热能（反应热）。如果将氧化剂和还原剂分开并用回路连接时，则会产生明显的电极电势和电子的定向移动，这便是常见原电池的工作原理。理论上绝大多数的氧化还原反应都可以设计成原电池而产生电能。

太阳能电池是将太阳能转换为电能的装置。当太阳光照在半导体的p-n结上时形成新的空穴-电子对，在p-n结内建电场作用下，光生空穴流向p区，光电子流向n区，接通电路后就产生电流。由于光电转换的效能不高以及硅晶电池的成本较高，人们可以先将太阳能通过集热器转换为热能生成水蒸气，由水蒸气驱动发电机进行发电，此时则形成了光-热-电转换装置。总体来讲，太阳能电池因无污染和可持续性而受到科学界的重视。

浓差电池是将盐差能转化为电能的装置。人们最早发现盐差能是通过观察装满酒的猪膀胱浸泡到水中时膀胱会撑破的现象得到的。1954年帕特尔提出"海洋中的盐差能是一种前景可观的能量来源"的设想，2005年荷兰科学家在"蓝海能源计划中"首先提出了盐差电池的具体技术，2009年世界上第一座渗透压（盐浓差）电站正式投入使用。浓差电池的工作原理是通过氧化还原反应过程将一种物质从高浓度状态向低浓度状态转移。例如在通过半透膜分割的两个浓度不同的硝酸银溶液中加入金属银电极就可以构成浓差电池，在硝酸银浓度低的一侧，电极上的金属银失去电子生成银离子进入溶液中，电子通过回路转移到另外一侧硝酸银浓度高的电极上。在硝酸银浓度高的一侧，溶液中银离子得到电极上的电子被还原为金属银。在溶液中，硝酸银浓度高的一侧银离子不断减少，过量的硝酸根离子通过半透膜扩散到浓度较低的一侧（银离子不能自由透过）。因此从宏观上看，浓度高的一侧的硝酸银浓度逐渐降低，浓度低一侧的硝酸银浓度逐渐升高，外回路中有电子流过。目前浓差电池的开发研究受制于各种技术的影响而尚处于开发中。在金属的防腐方面，埋地金属管件由于和土壤中的电解质接触容易形成各种微型电池而产生腐蚀，常见的电化学腐蚀有吸氧腐蚀（碱性土壤）和析氢腐蚀（酸性土壤），空气中的氧气扩散到土壤中时形成氧气浓度差而引起的金属腐蚀就是浓差电池腐蚀。这几类电化学腐蚀都属于原电池腐蚀。

2. 电池的发展历史

1780年，意大利医学家伽伐尼在解剖青蛙时发现铜制解剖刀能够引起青蛙的抽搐现象，在此基础上伽伐尼提出了原电池的雏形。意大利科学家伏打在伽伐尼实验的基础上不断改进和研究发现，当在铜片和锌片之间放上盐水浸湿的麻布片时两金属端点就会产生几伏的电压，伏打将多组铜－锌组合连接就制作出了最早的伏打电池。

第二次世界大战期间，德国爱贝尔公司首先制作出了商业碱性锌锰电池，碱性锌锰电池是锌作负极，正极区是氧化锰和氢氧化钾的混合物，整个电池的工作原理是在氧化锰将金属锌氧化为氧化锌的过程中释放电能。碱性锌锰电池由于其负载重、电容量大、低温性能好、防漏性能好、性价比高和电压稳定等优势成为第一个真正实现商业化的电池。1970年以来，闪光照相机、微型收录机、对讲机、剃须刀、游戏机、计算器和遥控器等小型家电中使用的都是碱性锌锰电池。

和碱性锌锰电池同时发展的是铅酸电池，其工作原理是金属铅和硫酸反应生成二氧化铅同时释放出能量。与碱性锌锰电池相比，金属铅的活性比锌低，通电电解氧化铅能够生成金属铅，而在水存在下，氧化锌不能被电解为金属锌，因此，铅酸电池可以通过多次充电－放电而达到存储电能－释放电能的多次循环利用。电动助力车使用的电池就是铅酸电池。

无论是碱性锌锰电池还是铅酸电池都含有环境不友好的金属离子和酸/碱腐蚀性。从1970年代开始人们发明了清洁度较高的锂离子电池。锂离子电池实际上是一种锂离子的浓差电池。正极为氧化钴锂，负极为石墨碳。充电时氧化钴锂中的锂离子迁出，而负极石墨碳吸收锂离子形成层间化合物。放电的过程刚好相反。由于锂离子电池的清洁性加之其具有工作电压高、能量密度大、质量轻和可再生等优点而在手机、笔记本电脑、电动工具和数码相机中广泛应用。

燃料电池是未来新型电池的主要发展方向之一，氢气、甲烷和乙醇等可以燃烧的有机物中蕴含大量的分子内能，燃烧过程就是将分子内能转化为热能的过程，燃料电池就是将这些有机分子中的内能转化为电能的装置。以氢燃料电池为例，在电池的负极氢气分子释放出电子生成氢离子；在电池的正极氧气获得电子和水反应生成氢氧根离子，氢离子和氢氧根在溶液中反应生成水分子。整个电池反应是氢气和氧气燃烧生成水的过程。所有的燃料电池的工作过程就是燃料的燃烧过程，因此，与传统电池相比燃料电池更清洁和环境友好。

在航天航空领域应用最多的是太阳能电池。近年来，我国在日晒充足的西部地区大力发展太阳能电池发电技术。太阳能电池可以不断地接受太阳辐射而不产生除电能之外的其他物质，因而属于清洁能源范畴。

核电池又称为同位素电池，它是利用放射性同位素衰变放出载能粒子并将其能量转化为电能的装置。由于放射性同位素的半衰期大多长达数十年到数百年，因此理论上核电池能够使用数十年之久。但是核电池的发展必须解决放射性污染问题，同时一旦电池装成后，不管是否使用，放射性物质的衰变会不受控制的不断进行，因此其电性能会不断衰降。综合各类因素，虽然人类早已实现核能发电，但是核电池的商业化还需要经历很长的路。

参考文献

［1］周长山. 一个典型双液浓差电池的电动势求法之讨论［J］. 冀东学刊，1994，10，55～56.

［2］王忠东. 基于浓差电池和微生物燃料电池的组合工艺处理酸洗废液的研究［D］. 浙江大学硕士毕业论文，2019.

［3］高立群，李洪锡，孙成，等. A3钢在土壤中盐浓差电池腐蚀行为的研究［J］. 油气储运，2000，19（2），29～31.

［4］王贤仁，王启元，王德君，等. 片式氧化锆氧浓差电池的制作及其特性研究［J］. 功能材料，1991，22（4），199～201.

［5］但世辉，陈莉莉. 电池300余年的发展史［J］. 化学教育，2011，7，74～76.

［6］Z. Takehara. 日本锂电池发展史［J］. 电池，1989，6，48～50.

珠宝

随着社会的发展和人们生活水平的提高，珠宝作为首饰的重要组成部分逐渐走进了寻常家庭。珠宝字面上讲是珍珠和宝石的总称。生活中口语化的"珠宝"包含钻石、各种玉石、琥珀和珍珠等传统上珍稀和较为昂贵的饰物，这些装饰物经常和黄金白银等贵金属组合使用。因此人们习惯用"珠宝"泛指贵金属装饰的各类昂贵的饰物。我国国家标准《珠宝玉石名称》（GB/T 16552—2017）中关于珠宝玉石的定义为天然珠宝玉石和人工珠宝玉石的总称。其中天然珠宝玉石是指自然界中产生的，具有美观、耐久、稀少性，具有工艺价值，可加工成饰品的矿物或有机物质等，分为天然宝石、天然玉石和天然有机石。人工宝石是指完全或部分由人工生产或制造用作饰品的材料（单纯的金属材料除外），合成宝石、人造宝石、拼合宝石和再造宝石等都属于人工宝石。该标准中罗列了刚玉（红宝石和蓝宝石）、金绿宝石（猫眼、变石和变石猫眼）、绿柱石（祖母绿和蓝湾宝石）、碧玺、水晶、长石和绿帘石等41种天然宝石；软玉、欧泊、独山玉、绿松石、阳起石、孔雀石和鸡血石等34种天然玉石；天然珍珠、养殖珍珠、海螺珠、珊瑚、琥珀、象牙、龟甲、贝壳和煤精等10种天然有机宝石；合成钻石和合成刚玉等11种合成宝石；人造钇铝榴石、塑料和玻璃等6种人造宝石。

1. 钻石

钻石是珠宝中最常见的一类高硬度珠宝，是由天然金刚石经过加工打磨后形成的具有特殊立体结构的透明纯碳物质。天然金刚石的组成成分为碳元素。因此，金刚石和制作铅笔芯的石墨是同素异形体（同一元素组成的不同物质）。金刚石中的每个碳原子通过四个共价键和周围的四个碳原子结合生成空间立体结构，这种结构与石墨的层状结构相比具有更高的硬度。在所有天然材料中，金刚石的硬度最高，莫氏硬度被定义为10（黄玉和刚玉的硬度分别为8和9）。因此金刚石能够在几乎所有的常见物质上刻蚀。钻石因其坚硬的特性和洁白无瑕的色泽象征着爱情的纯洁和永恒。和石墨碳一样，金刚石在一定的温度下能和氧气反应生成二氧化碳（燃烧）。因此，钻石怕火。

2. 玉

玉是漂亮的石头的总称，因此有"美石为玉"的说法。中国传统四大名玉为蓝田玉、和田玉、岫岩玉和独山玉。蓝田玉是蛇纹石化的透辉石，其主要成分为氧化硅（23.86%）、氧化镁（19.34%）、氧化钙（29.09%）、二氧化碳（21.35%）和少量其他元素的氧化物。蓝田玉也可以看作是钙镁等金属元素的碳酸盐和硅酸盐结晶。其他三种玉石的组成和蓝田玉相似，但是不同金属氧化物的含量不同。蓝田玉的平均硬度在四种玉石中最高。

除传统的四大玉石之外，常见的玉类宝石还有黄玉和玛瑙。黄玉是一种氟铝硅酸盐结晶；玛瑙石是以二氧化硅为主的宝石，根据其含有的金属离子不同而呈现不同的颜色。因此黄玉和白玉等都可以看成是掺杂了其他元素的玛瑙，单纯的二氧化硅晶体和金刚石结构类似，微观的立体网状结构导致其硬度较大，掺杂了其他成分后这种网状结构会受到部分破坏。因此玛瑙在常见的玉石中属于硬度较大的一种宝石。

氧化铝结晶也是由氧和铝两种元素形成的原子晶体（呈空间网状结构），由氧化铝为主要成分组成的宝石硬度也较高。蓝宝石和红宝石是氧化铝类宝石的代表物质，不同的呈现颜色是由其中的不同金属杂质引起的。

总之，不同成分的宝石之所以受到人们的喜欢主要是在于其较大的硬度和美丽的光泽等因素。以海蓝宝石为例，其组成成分主要是铍和铝的硅酸盐（$Be_3Al_2[Si_6O_{18}]$），海蓝色主要是其中微量的亚铁离子造成的，从元素成分上讲，组成海蓝宝石的元素都是地壳中含量较多的普通元素。

天然玉石和人工玉石具有相同的化学组成，因此分辨较为困难。应用现代测试技术能够较为清楚地分辨出二者的细微差异。例如拉曼光谱技术能轻松地检验出天然蓝宝石和合成蓝宝石的区别；红外光谱技术能检验出天然祖母绿和合成祖母绿的区别。

3．琥珀

琥珀是古代松柏等树木的树脂化石。树脂是一类有机混合物，在深埋地下之后，长时间的高压高温和无氧的环境使树脂逐渐形成一种致密透明结构，其外表面碳原子也可能部分被环境中的硅原子取代。因此琥珀比常见树脂有更高的硬度。正常情况下琥珀加热后会变软并释放出树脂的香味（松香味）。在硫酸或硝酸作用下琥珀也能溶解。半透明或不透明的琥珀称为蜜蜡，其组成成分和琥珀相似。此外，琥珀和金刚石相似，遇火后能够燃烧而被破坏。

4.珍珠

珍珠是贝壳动物或蚌壳动物分泌物包裹体内刺激异物层形成的含碳酸钙的矿物珠粒。研究表明，珍珠中的化学成分主要有碳酸钙（90%～94%）、蛋白质（2%～8%）、微量元素（0.05%～1%）、卟啉、牛磺酸、水和微量的维生素和黄酮等。其中组成珍珠的氨基酸中丙氨酸含量最高（22.96%），另外含有18.89%的甘氨酸、11.11%的门冬氨酸、7.71%的丝氨酸、6.11%的亮氨酸和5.86%的谷氨酸等17种氨基酸。

珍珠层为微米厚的同心层，大部分珍珠为半透明的银白色、粉红色、黄色、蓝色、古铜色、褐色或黑色的球体。一般将珍珠分为淡水珍珠和海水珍珠两大类，从组成上讲，这两类珍珠的成分区别不大。

总之，无论是金、钻石、琥珀还是玉石玛瑙，物以稀为贵，且长久以来人们赋予这些宝石的文化内涵造就了其昂贵的价格。就其成分而言，所有宝石都是由常见的元素或化合物组成的。

参考文献

［1］杨光. X荧光光谱仪在珠宝玉石检测中的应用［J］. 城市建设理论研究（电子版），2018，4，96～97.

［2］张庆麟. 对新版珠宝玉石"国标"的几点商榷［J］. 宝石和宝石学杂志，2004，6

（1），35 ~ 36.

　　［3］胡衍良. 关于珠宝玉石鉴定中的红外光谱技术应用［J］. 科技创新导报，2017，6，93 ~ 94.

　　［4］贾玉兰，霍占强，侯占伟，等. 基于主成分分析的珠宝自动定位及检测方法［J］. 计算机应用，2016，36（10），2922 ~ 2926.

　　［5］余西丹. 现代测试技术在珠宝检测中的应用［J］. 企业技术开发（下半月），2014，33（36），55 ~ 56.

　　［6］沈喆鸢. 珍珠粉美白组分的提取工艺优化和功效研究［D］. 浙江工业大学硕士毕业论文，2017.

　　［7］邢旺娟. 珠宝检测中分辨淡水珍珠与海水珍珠的方法研究［J］. 华北国土资源，2015，（5），90 ~ 92.

第四章

化学与生活常识

酒驾

　　世界各国交通事故的调查结果显示，酒后驾车引起的交通事故是未饮酒情况下的16倍。世界卫生组织也认为酒后驾驶是交通事故发生的重要原因。有报道称2013年美国境内酒后驾驶引发的车祸导致1万多人死亡（平均每天30多人）。因此拒绝酒驾是公民的基本素养和道德情操。对于饮酒后我们身体所发生的化学变化，我们需要科学了解和认识。

1．酒驾危害的科学原理

　　人体饮酒后，乙醇分子快速通过胃和肠道黏膜扩散到血液中。虽然呼吸、汗液和尿液可以排出部分乙醇，但是血液中的绝大多数乙醇都通过肝脏分解。研究表明，进入血液的乙醇经过非肝脏代谢排出体外的量不超过10%。肝脏中的乙醇脱氢酶能将乙醇氧化为乙醛，乙醛在肝脏中乙醛脱氢酶的氧化下转化为乙酸，乙酸继续代谢则生成二氧化碳和水。代谢产物分别通过呼吸（二氧化碳）和肾脏（水）排出体外。乙醇脱氢酶和乙醛脱氢酶是人体解酒的两个重要物质，缺乏任何一个都会造成人体乙醇或乙醛中毒。人体中少量乙醛可以引起面色潮红、呼吸加促和胸闷心悸等症状。因此当体内乙醛脱氢酶活性较低（或者缺乏）时不宜饮酒。

少量乙醇具有兴奋神经作用，过量的乙醇能够抑制中枢神经从而表现出走路不稳和反应迟钝等"酒精中毒"现象。在乙醇代谢过程中需要大量的氧气对乙醇、乙醛和进一步生成的乙酸进行氧化代谢。当肝脏消耗过多的氧气时会导致人体神经尤其是大脑供氧量不足而引起嗜睡等症状。因此，酒后驾车能导致反应变慢、思维迟钝和嗜睡等症状从而可能引发各类交通事故。

在正常情况下，人体吸收和代谢乙醇需要一个过程，故饮酒和醉酒往往具有一定的时间差，因此很多人在酒后因自我感觉"清醒"而错误判断自己能够驾驭机动车辆，而随着乙醇在体内的代谢耗氧和麻醉的双重作用，酒后驾驶人逐渐"醉酒"并对驾驶车辆失去驾驭能力。因此世界上各个国家都严禁酒后驾驶。需要说明的是，空腹饮酒后驾驶更为危险。英国《每日邮报》2016年5月27日报道的一项研究表明，空腹饮酒后，乙醇的吸收速度是餐后吸收速度的两倍。大量其他的研究均支持这个结果。

醉酒过夜后仍未醒酒的称为宿醉。近年来，人们将酒后第二天血液中仍能检测出酒精的现象称为"宿醉驾驶"。虽然每个人代谢酒精的速度不尽相同，一般情况下，醉酒后24h内不建议驾驶机动车辆以免出现因反应迟缓而导致的交通事故。我国国家质量检验检疫局发布的《车辆驾驶人员血液、呼气酒精含量阈值与检验》（GB 19522—2004）中规定，当驾驶人员的血液中酒精含量 ≥ 20mg/100mL 并 ≤ 80mg/100mL 时属于酒后驾车；当驾驶人员的血液中酒精含量 ≥ 80mg/100mL 时就属于醉酒驾驶。

目前尚未出现科学地增加人体乙醇脱氢酶和乙醛脱氢酶含量和活性的办法。因此从酒精代谢的基本原理可知，各类解酒药几乎无法加快酒精在人体内代谢的作用。英国科学家研究表明，市面上常见的十五种解酒"良方"无一有效。血液中的乙醇可以通过尿液经肾脏排出体外，因此部分利尿药物或其他方法有利于乙醇的体内代谢。例如酒后大量喝水可以缩短醉酒的时间，但是和肝脏代谢乙醇的速度和量相比，尿液排出体外的酒精量只占酒精体内代谢的一小部分。

2．人体酒精测试的科学原理

当人饮酒后，大部分酒精快速进入到人体血液中，当血液通过肺泡时，少量酒精可以被人体呼出体外。正常情况下，血液中酒精的浓度和呼出气体中酒精的浓度具有相关性。因此根据呼出体外的酒精量就可以测量出血液中酒精的浓度。最早的呼气式酒精测试仪的测试原理是利用三氧化铬的氧化性进行测试的。附着在硅胶表面的黄色酸性三氧化铬在遇到乙醇分子时能被乙醇还原为正三价的铬离子，三价铬离子在水存在的情况下显蓝色。因此，根据硅胶的颜色，由黄色向蓝色转化的程度可以得到乙醇气体的浓度进而显示出人体血液中酒精的含量。

随着科技的发展，新型酒精探测器逐渐替代了传统利用三氧化铬检测酒精的技术。我国国家计量检定规程（JJG 657—2006）《呼出气体酒精含量探测器》中简要说明了新型人体酒精含量探测器的工作原理。新型酒精含量探测器的核心组件是气体传感器，乙醇气体通过传感器，转化为电流或电压信号，再通过电路模数转换，在仪器的显示屏上显示出人体内乙醇的浓度值。

乙醇气体可以在一些敏感材料表面发生吸附和解吸附作用而改变材料的导电性。氧化锌就是一种对乙醇气体敏感性很高的半导体材料。一氧化碳、乙醇、氢气和二氧化氮等气体能够显著改变氧化锌的电导率，因此氧化锌是常见的乙醇气体传感器的探头材料。

3．新型检测酒驾技术

任何一种有机物质都具有其独特的红外吸收，因此不同物质的红外光谱具有"指纹性"，这种"指纹性"是酒精气体的红外光检测技术的理论基础。目前，酒精红外线传感器已经开发成功并有望在手持人体呼气式酒精测试仪上使用。例如日本高田公司研发的"接触式监测系统"就是利用红外光技术检测人体血液中酒精浓度的。当司机指尖与仪器按钮接触时，仪器会发出红外线光束照射司机的指尖，反射光谱通过仪器的检测口即可以转化为血液中酒精的浓度值。

利用乙醇分子对激光的衍射和干涉特性检测空气中乙醇含量的技术也逐渐成熟。俄罗斯科研人员研制的激光酒精检测仪可以对车内空气中的酒精浓度进行快速检测，以便于快速判断车内驾乘人员是否饮酒。

4．饮酒后的其他可能危害

1948年，人类首次发现作为橡胶催化剂的双硫仑进入人体后能引起面部潮红、头痛、出汗和呼吸困难等症状，在饮酒后症状更为明显。这种因双硫仑和饮酒导致的人体反应称为双硫仑反应，双硫仑反应严重时可能导致人的死亡。

许多抗生素因其结构和双硫仑类似，也能和酒精协同引起人体的双硫仑样反应。例如头孢类抗生素，该类药物分子具有甲硫四氮唑取代基，该取代基可以使乙醛脱氢酶的活性中心失活从而造成人体乙醛中毒。乙醛可以与体内蛋白质、磷脂和核酸结合从而破坏体内各种组织。因此，在服用头孢类药物后不能饮酒，以避免双硫仑样反应的产生。

从人体营养方面考虑，乙醇进入人体后在肝脏中的代谢过程中产生大量的热量。因此进入人体内的乙醇仅仅是能量物质而不具备任何"营养"性。

2017年10月27日，世界卫生组织公布的致癌物质清单中，乙醇被列入1类致癌物质清单中。因此，人们应该认识含酒精饮料的作用并科学选取。

参考文献

［1］章江. 未来检测酒驾的利器［J］. 轻型汽车技术，2018，10，26 ~ 29.

［2］李淳，王广成. 浅谈温度对呼出气体酒精含量检测仪示值误差的影响［J］. 中国计量，2019，4，119.

［3］王紫嫣. 酒驾监测系统研究现状［J］. 科技风，2019，2，213.

［4］石笑驰. 单根ZnO微米线非平衡电桥式乙醇气敏传感器的制备及性能研究［D］. 辽宁师范大学硕士毕业论文，2018.

［5］邹平，洪长翔，奚红娟，等. 氧化锌基乙醇气体传感器研制及特性研究［J］. 传感技术学报，2018，31（10），1478 ~ 1481.

［6］吴子见，韩师，文政，等. Ag/ZnO多孔网络结构乙醇气体传感器［J］. 郑州大学学报（理学版），2017，49（4），71 ~ 75.

［7］朱美朔. 解酒药就是一个美丽的谎言［N］. 健康时报，2019，2，15.

［8］夏建海，闫克杰，丁东红，等. 急诊双硫仑样反应21例临床分析［J］. 中国民族民间医药，2011，6（11），92 ~ 93.

美白

在中国传统文化中人们一直崇尚白皮肤，如经常说"一白遮百丑""白胖小子"和"白面书生"等俗语。因此很多年轻人尤其是年轻女性很渴望自己皮肤更白一点。既然在"美白"路上人们追求无极限，那我们需要怎样的"美白"科学知识呢？

1．皮肤颜色深浅的原因

太阳光中的紫外线是能量较高的一类光线，其照射到人体皮肤上能引起各种不必要的化学反应从而导致皮肤老化等。人体皮肤对紫外线正常的反应就是黑斑、雀斑和老年斑等。在长时间的历史进化中，人体皮肤在遇到紫外线照射时能够自发合成黑色素从而吸收紫外线以避免其引发的其他反应。皮肤中适量的黑色素能有效维持体温和保护皮肤免受紫外线伤害。人体皮肤所呈现的颜色主要是与皮肤中基底层细胞产生的黑色素有关，黑色素含量高的人的皮肤颜色较深。从世界各个种族的大体分布我们可以知道，生活在赤道附近的人类由于受到较多的紫外线照射而成为黑色素含量很高的黑色人种，生活在高纬度地区的人由于接收到的紫外线照射量较少而成为黑色素含量较低的白色人种。黄种人主要生活在中纬度紫外线适中的地区。不同人种皮肤颜色的差异是由于长久生活环境不同造成的人种基因不同。在同种人种内，不同个体间的皮肤颜色差异也是由基因决定的。

各类生活经验表明，短时间内接受较强的日光照射时就可能引起皮肤黑色素的形成。因此，夏天过后（夏天日光中紫外线较别的季节量较多）或者短期旅游后（每日日晒量较大），我们的皮肤都会经历一个"变黑"的过程。如果存在过量的紫外线照射，可能在短期内破坏皮肤细胞而产生"脱皮"现象。

2．如何科学美白

人体皮肤中由紫外线引起的黑色素的生成过程主要受到酪氨酸酶、多巴色素异构酶和黑色素前体氧化酶等酶的调控。酪氨酸酶能够氧化酪氨酸生成多巴和多巴醌，多巴醌能够和蛋白质中氨基酸反应生成褐色素并最终转化为黑色素。因此通过抑制酪氨酸酶、多巴色素异构酶和黑色素前体氧化酶的活性以阻止皮肤合成黑色素的美白方式称为细胞内抑制美白技术。

通过外界因素的控制也可以达到美白的效果。由于紫外线和紫外线引发的自由基是促进黑色素形成的重要外界因素，有研究指出，紫外线中的中长波段可以显著促进人体皮肤黑色素的合成及酪氨酸酶的活性表达，这就是防晒霜主要针对的转化和吸收的紫外线波段。另外，酪氨酸酶合成黑色素的催化反应过程中需要氧的参与，自由基的存在也能促进该反应的进行。因此，合理控制外界紫外线照射、有效清除自由基和减少皮肤氧的含量可以有效抑制黑色素的生成，这种美白形式称为外界因素控制美白技术。

综合来看，凡是具有酪氨酸酶活性抑制、抗氧化性和吸收紫外线活性的物质都能够成为美白物质。具有抑制酪氨酸酶活性的物质通常是美白化妆品中的重要功效组成成分。目前已经报道的可广泛应用于化妆品中的酪氨酸酶抑制剂有熊果苷、曲酸、氧化白藜芦醇、氢醌和维生素C等，这类物质同时具有还原性和捕捉自由基的化学活性。

由于人体皮肤的特殊性，体内很多还原性物质（能够捕捉皮肤因紫外线导致的自由基）、抗氧化性物质或酪氨酸酶抑制剂很难扩散到皮肤表面发挥美白作用。因此一些"美白防晒丸"并不能有效地防止皮肤变黑或者美白皮肤。将黄瓜、苦瓜或者苹果等富含维生素C的水果切片敷在皮肤上的美白效果比食用更佳。

无机汞在体内可以明显抑制酪氨酸的合成过程。因此汞具有明显的美白效果。一些不良商家可能通过在化妆品种增加汞以达到明显的美白祛斑效果。化妆品中的汞可能导致接触者慢性汞中毒或肾脏损害，南京市职业病防治院曾经报道了2014年6月至2018年3月期间收治的14例使用化妆品导致汞中毒并致肾脏损害的病例。因此我们在选择美白化妆品时应该注意汞金属中毒的可能。

如果在皮肤上涂一层白色物质，也会具有暂时的美白效果，如白色的氧化钛、氧化锌和氧化铝就是常见美白产品中的白色"涂料"。该类物质涂抹在皮肤表面也具有一定的吸收（隔离）紫外线的作用。添加了这类氧化物的美白产品在使用时应该考虑皮肤毛孔被堵塞而引发各种毛孔疾病的可能性。

　　总之，理论上不存在立竿见影的有效美白产品。皮肤在紫外线照射下变黑是正常的保护性生理现象，因此我们应该从刻意的美白转移到如何避免阳光直射和在阳光直射下防晒的问题。如何防止或降低紫外线较强时日光对人皮肤的伤害比考虑如何变白更为科学和安全。

参考文献

　　[1]吴燕荣. 具有美白活性的明胶肽的制备及应用特性研究[D]. 江南大学硕士毕业论文, 2018.

　　[2]赵龙铉, 隋悦, 赵春晖, 等. 酚类含氮缩合物的合成、表征及美白活性[J]. 辽宁师范大学学报（自然科学版）, 2018, 41（3）, 353～360.

　　[3]吕习国, 胡伟燚. 14例美白化妆品致汞中毒合并肾脏损害的临床分析[J]. 职业卫生应急救援, 2018, 36（6）, 522～525.

　　[4]邓国杰. 美白类化妆品的功效及其相关评价的应用策略[J]. 化工设计通讯, 2019, 45（6）, 262～263.

　　[5]罗丽娟, 王刚, 万玉军, 等. 曲酸美白护肤霜的研制[J]. 食品与发酵科技, 2019, 55（3）, 73～75.

　　[6]冯梦霞, 刘汉蓁, 段齐泰, 等. 山桐子油的美白作用[J]. 精细与专用化学品, 2019, 27（6）, 32～35.

防晒

打伞防晒？除非

地表无光辐射

    人类在很久以前就注意到人体皮肤在受到强烈日光照射后会出现损伤的现象，当皮肤表面涂抹一层诸如泥巴等能遮挡阳光的物质后就可以减轻或者避免皮肤受强日光照射所产生的刺痛感和脱皮现象。公元前5世纪时，古希腊露天竞技的勇士们为了减少被阳光灼伤肌肤的刺痛感，将橄榄油涂抹在身体上，这样不但使皮肤滋润有光泽还能避免皮肤被晒伤。泥巴和橄榄油便是早期的

"防晒霜"。对于现阶段的防晒问题，我们需要了解哪些呢？

1．阳光中的紫外线

　　紫外线主要是由原子的外层电子受到激发后产生的，太阳表面复杂的化学－核反应能够产生包括紫外线在内的各种电磁辐射。虽然人眼不能观察到紫外线的存在，但是紫外线是阳光中的重要组成成分。

　　紫外线根据波长可以分为短波紫外线（UVC）、中波紫外线（UVB）和长波紫外线（UVA）三种。其中短波紫外线的能量最高，对人体的危害最大。当太阳光穿透地球大气层中的臭氧层时，能量较高的短波紫外线和98%左右的中波紫外线都被吸收转化为热量，绝大多数的长波紫外线和少量中波紫外线能够穿透大气层到达地表。

　　中波紫外线又称为"中波红斑效应紫外线"，其对皮肤的穿透力虽然比长波紫外线差，但是一定量的中波紫外线照射就可能在皮肤的表皮层诱导不利生物效应。长时间照射中波紫外线会导致皮肤红肿、脱皮和长出红斑。适量的中波紫外线照射能够促进人体的矿物质代谢和维生素D的生成。

　　和中波紫外线相比，长波紫外线能够渗入更深的皮肤层并诱发皮肤的过早光老化现象。因此长波紫外线又称为"老化射线"或"长波黑板效应紫外线"。由于波长相对较长，长波紫外线除了能够穿透更深层次的皮肤外，其对衣物、塑料和树脂等穿透力远比其他波段的紫外线强。长波紫外线能穿过一般玻璃引起皮肤的变化。

　　人体防止紫外辐射的主要方式是利用皮肤中的黑色素吸收紫外光。黑色素能够吸收一定量的紫外线并将其转化为热量从而保护皮肤。当紫外光较强时，正常皮下的黑色素不足以完全吸收紫外线从而导致皮肤晒伤。研究表明，夏季紫外线的强度高于冬季紫外线强度，一天内接近正午时分的紫外线强度高于早晚时紫外线的强度。在相同时间段，海拔高度每上升1000m，阳光中的紫外线强度增加2%。人体受到过量紫外线照射时容易引发多形性日光疹、慢性光化性皮炎、光化性网织细胞增生症、日光性荨麻疹、光敏性药疹、红斑狼疮、酒渣鼻、日光性角化病、基底细胞癌和黑素瘤等。因此对于人体科学防紫外线的方法我们需要认真了解。

2．隔绝紫外线接触皮肤的常见方式

正常情况下，我们利用衣服、太阳镜和太阳伞就能遮挡绝大多数的紫外线。考虑到紫外线的穿透性，虽然普通的衣物和遮阳伞能够遮挡绝大多数的日光紫外线，但是这类防护措施并不能完全有效地隔绝紫外线和皮肤的接触。例如赵瑞等的研究表明，在夏季防紫外线伞下中午紫外线的强度相当于6～8点未用伞时的强度。大量的其他研究表明，市售的各类防晒衣的防紫外线效果不尽相同，有的防紫外线服装竟能透过50%以上的紫外线。因此在紫外线强烈的时段/地区选取此类防紫外线方式时应该考虑紫外线的穿透性。

涂抹防晒剂是绝大多数人选择防紫外线的方式，防晒剂主要分为化学防晒剂和物理防晒剂两类。化学防晒剂是利用一些有机化合物对紫外线具有一定的吸收能力的特性将紫外线转化为热量的。通常情况下，分子结构中具有共轭双键的一类有机化合物都具有一定程度的吸收紫外光特性。2007年我国颁布的《化妆品卫生规范》中规定了可以商业化的化学紫外线吸收剂包含以下八种：桂皮酸盐类、樟脑类、苯甲酸盐类、水杨酸类、三嗪类、苯唑类、苯酮类和烷类。在市面上常见的防晒霜中，甲氧基肉桂酸乙基己酯、奥克立林、二苯酮、丁基甲氧基二苯酰化甲烷、水杨酸乙基己酯和二乙氨羟苯甲酰基苯甲酸己酯六个紫外线吸收剂最

为常见。物理防晒剂主要是利用惰性离子反射或吸收紫外光来保护皮肤免受伤害，如白色的氧化锌、氧化铝和氧化钛对紫外线具有反射和一定的吸收作用，因此常见防晒剂中经常添加此类无机氧化物。综合物理防晒和化学防晒的原理，化学防晒可以看成将紫外线转化为热量以防止其伤害；物理防晒是通过涂抹防晒层以反射紫外线。绝大多数市售防晒剂同时含有物理防晒剂和化学防晒剂。

化学防晒剂接受紫外线后能够产生一定量的光敏分子，从而与皮肤互相作用引起过敏等皮肤疾病，甚至有报道化学防晒剂能够引发皮肤癌变的相关案例。另外，化学防晒剂中的有机小分子可能通过皮肤扩散到体内。这部分进入到身体内部的有机分子可能对人体产生一定的作用。以二苯甲酮类紫外吸收剂为例，有研究表明防晒霜中的二苯甲酮扩散到身体内后对人体具有一定的内分泌干扰性和遗传毒性。以金属氧化物为代表的物理防晒剂通常都具有光催化活性，在引发的化学反应过程中可能生成自由基对人体产生不必要的危害。为了增加美感度和提升物理防晒的作用，很多商家将氧化钛、氧化铝或氧化锌做成颗粒度很小的纳米材料添加到防晒霜中，颗粒度小的金属氧化物可能通过皮肤吸收进入到人体内。邵二磊通过研究表明，小鼠在接触纳米氧化锌和氧化钛材料后肝脏出现了不同程度的病变。虽然其研究是通过小鼠口服灌胃的方式，但是人体皮肤吸收这类材料在一定程度上能够对肝脏造成影响。因此消费者在使用防晒产品时应该注意其中防晒物质的性能。

3. 防晒霜的防晒系数

我们在选择防晒霜时往往会根据防晒霜的防晒系数判断其防晒效果。正常情况下防晒霜有两种防晒系数，防晒系数PA表示产品对长波紫外线的防御能力，中波紫外线的防御能力用SPF

表示。PA是1996年日本化妆品工业联合会公布的《UVA防治效果测定法标准》提出的，该标准将长波紫外线防御效果区分为三级，即PA+、PA++和PA+++，分别表示有效、相当有效和非常有效。SPF一般用数字表示，数值越大表示其防止中波紫外线的能力越强。假如个体在接受日光后15min就能引起皮肤红斑，在涂抹了SPF系数为10的防晒霜后，其有效防御时间就是约150min。因此在长时间接受日光照射的环境中应每隔两个半小时重新涂抹一次该产品。当SPF值大于50时，该产品防护紫外线的效果几乎不再增加。当从事户外运动需要长时间接受日光照射时，建议使用正规厂家生产的SPF大于30和PA+++的广谱防晒霜。

参考文献

[1] 赵瑞. 郑州市夏季中长波紫外线强度及防紫外线伞对紫外线的遮蔽作用 [J]. 郑州大学硕士毕业论文，2012.

[2] 李莹. 木质素/化学防晒剂复合微胶囊的高效构建及应用探索 [D]. 华南理工大学硕士毕业论文，2018.

[3] 胡文静，裴双秀，潘咏梅. 紫外线作用机制及防晒的重要性 [J]. 北京日化，2012，4，26～35.

[4] 谢婷. 新型紫外吸收聚合物制备及其性能研究 [D]. 北京化工大学硕士毕业论文，2018.

[5] 邵二磊. 防晒霜中纳米氧化锌和氧化钛在小鼠体内的代谢分布及口服毒性研究 [D]. 上海大学硕士毕业论文，2015.

[6] 王凤娟. 防晒霜类化妆品中紫外线吸收剂和重金属铅及砷的质量控制检测方法研究 [D]. 华东理工大学硕士毕业论文，2014.

[7] 刘奇. 二苯甲酮类紫外防晒剂的氯化转化及毒性评价 [D]. 兰州理工大学硕士毕业论文，2013.

[8] 唐芳. 防晒霜"物理""化学"哪家强，看完这一篇你就明白了 [N]. 科技日报，2018，6，5.

[9] 刘德华，赵邑. 防晒的这些事，你应该知道 [N]. 北京日报，2019，7，17.

光 污 染

大晚上不熄灯
还让不让人睡了!!

　　随着科技的发展和城市化率的提高，和化学物质污染一样，光污染及其带来的危害逐渐被人们认识。因此生活中需要我们科学理解和认识光污染现象。

1. 光污染的概念

　　20世纪70年代，天文学家们发现，夜晚城市照明导致天空亮度增加从而不利于天文观测。当时将这种由于夜景照明进入环境并妨碍科学家进行天文观测的光辐射称为光污染。随着时代的发展，光污染的概念内涵逐渐丰富。现在一般认为的光污染指环境中光辐射过强时对人类或其他生物的正常生存和发展产生不利影响的现象。国际上一般将光污染分为白光污染、彩光污染和人工白昼三类。白光污染包括当阳光照射强烈时，以城市中建筑物的玻璃幕墙等为主的建筑外墙装饰材料反射光线引起的光污染和交通电子监控设备闪光等引起的光污染等情况；彩光污染包括公安警车亭的闪光灯和城市亮化工程中的荧光灯等迅速变化的彩色光源引起的光污染；人工白昼即夜幕降临后，各类广告灯、霓虹灯或弧光灯等夜间强光照明因"闪耀夺目"带给人的不适感。在家庭环境中，如果忽视了合理的采光需要，为了追求浪漫和豪华，将灯具光源设计成五颜六色且变化频率较高或者光度较强的情形也会形成家庭室内光污染。总之，凡是对人体健康、交通运输、天文观察、动植物生长及生态环境等产生负面影响或危害的光辐射都属于光污染。

2. 光污染的危害

何秉云曾经总结了光污染的危害主要体现在五个方面。第一，光污染破坏了夜空环境，严重影响天文观测。随着城市化发展，以科研为主的天文台被迫搬离城区的案例频发。第二，光污染会干扰人的生理节律，危害人体健康。有研究认为，光污染极有可能成为21世纪直接影响人类身体健康的又一大环境杀手，长时间的强光照射和频繁的闪光会对人的角膜和虹膜造成严重的损害。过量或不协调的彩光会干扰人类大脑中枢神经，使人头晕目眩、恶心呕吐和失眠。过强的紫外线辐射还可能诱发白内障、白血病甚至癌变。人工白昼会影响人的睡眠并扰乱人体正常的生物钟。曾有研究表明，夜间照明会使人体健康受损并可能与女性乳腺癌以及肥胖和糖尿病等存在相关性。第三，光污染会对动植物的生理习性产生巨大影响，一些依靠星宿位置导航的迁徙鸟类因城市光照的影响容易迷失方向。美国鸟类学家曾经统计，每年受到光污染影响而死亡的鸟类达到400万到500万只之多。另外一些光敏性植物受到光污染的影响有可能会灭绝。第四，光污染容易引发交通事故。交通摄像头和治安卡口的抓拍系统的补光灯因过于炫目容易导致司机和行人眼睛不适甚至出现暂时性失明而引发交通事故。对面机动车辆使用强光源车灯导致交通事故的现象更是屡见不鲜。第五，光污染能对城市环境和气候产生不可预计的影响。光经过分子吸收和转化后能够产生热量，城市中的各类光污染客观上能够加热空气从而提高了地面气流的上升速度。光污染一定程度上加剧了城市的"热岛效应"。

虽然目前我国专门调整光污染法律关系的法律法规还是一片空白，但个别城市针对不断增多的光污染纠纷相继出台的行业规范和技术标准间接包含了一些关于光污染方面的规定。部分省市制定的环境保护条例已经将光污染与废气、废水和噪声等传统污染并列为一类新型的污染形式。相信不久的将来，我国将会对光污染进行严格的法律界定。

参考文献

[1] 何秉云. 光污染的产生、影响和治理 [J]. 照明工程学报, 2013, 24 (S1), 66 ~ 71.

[2] 高正文, 卢云涛, 陈远翔. 城市光污染及其防治对策 [J]. 环境保护, 2019, (13), 44 ~ 46.

[3] 晓芯. 防! 室内光污染危害健康不容忽视 [J]. 安全与健康 (上半月), 2008, (5), 54.

[4] 王熙宁. 光污染防治的立法探析 [D]. 吉林财经大学硕士毕业论文, 2013.

[5] 左益敏. 光污染防治的立法研究 [D]. 西南政法大学硕士毕业论文, 2010.

[6] 侯小丽. 光污染防治立法研究 [D]. 长安大学硕士毕业论文, 2010.

[7] 杨新兴, 尉鹏, 冯丽华. 环境中的光污染及其危害 [N]. 前沿科学, 2013, (1), 8.

化妆品

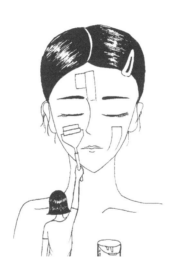

经国务院批准原卫生部发布的《化妆品卫生监督条例》中关于化妆品的定义为：以涂擦、喷洒或者其他类似的方法，散布于包括皮肤、毛发、指甲或口唇的人体表面任何部位，以达到清洁、清除不良气味、护肤、美容和修饰的日用化学工业产品。因此，通过注射、口服或微针导入等方式使用于皮下或者肌肉内的美容产品不属于化妆品。如果在使用于皮肤表面时需要配合喷雾仪或超声波导入的产品仍然属于化妆品范畴。原国家食品药品监督管理总局发布的《关于调整化妆品注册备案管理有关事宜的通告》中明确要求：自2014年6月30日起，国产非特殊用途化妆品生产企业应当在产品上市前，按照《国产非特殊用途化妆品备案要求》对产品信息进行网上备案。备案产品信息经省级食品药品监管部门确认后再在食品药品监管总局政务网站统一公布。省级食品药品监管部门不再发放国产非特殊用途化妆品备案凭证。

1. 古代化妆品

在远古时期，为了防止蚊虫叮咬和阳光暴晒，人们将泥浆涂抹在衣物未遮盖的皮肤处。如果将动植物的油脂涂膜在皮肤上则除了能够避免蚊虫叮咬和防晒之外，还具有抑制体臭的作用。古埃及人和罗马人都有在皮肤上涂抹动植物油脂、矿物油和植物花朵汁液的习惯。时至今日，非洲的一些偏远部落中还保留这种浑身涂抹黄色或者红色泥浆或油脂的传统。在原始社会时期，人们也习惯用各种天然物质在面部涂抹出各种图案以震慑敌对部落和野兽。这种改变面部和毛发的天然颜料就是人类化妆品最早的起源。

在中国古代，象征不事农桑免受日晒的白皮肤和白里透红的健康肤色备受推崇。因此美白和增红的两类化妆品备受人们喜欢。人们习惯用于增白的物质是各种"粉"，增加皮肤红润的传统化妆品是"胭脂"。春秋时期便有米粉敷面以美白的记载。秦汉以后，人们逐渐使用稳定性和白度都更高的铅粉作为美白产品。铅粉的主要成分是氧化铅或碱式碳酸铅，其中还含有一定量的单质铅和氧化锡等物质。和米粉相比，铅粉能使人容貌增辉生色，因此铅粉又称为铅华。皮肤接触铅粉能够吸收重金属铅导致人体中毒的知识直到近现代才逐渐被人类认识，因此直到清末民初时期人们使用的美白产品还主要是铅粉。现代化妆品中严禁使用铅粉作为美白剂。由于增白的各类"粉"中经常添加有香气浓郁的物质以增加其使用愉悦度，故"粉"习惯被称为香粉。

胭脂最早记载于《中华古今注》。3000多年前的商纣王时期，燕地人将红蓝花的花瓣中黄色素淘去后形成鲜艳的"燕脂"。"燕"代表如今河北和北京地区。"脂"说明在"燕脂"使用前人们已经有利用油脂涂抹皮肤的传统。"燕脂"后来逐渐写成了"胭脂"。

配合香粉和胭脂两类主要的化妆材料使用的还有画眉的石墨和画唇的朱砂等。李芽在《汉代化妆文化综述》中总结了汉代化妆品的种类。在汉代，常见的化妆品包括面脂［润肤（唇）香膏］、泽（涂发香膏）、妆粉（美白敷面）、胭脂（增红）、眉黛（石墨画眉）、唇脂（朱砂增红）和香料（增香）七种。综合这七种化妆品，其功效主要围绕改善嘴唇、眉毛、脸部皮肤和头发等部位的色泽度。

在古代，人们经常在手指甲上涂抹一定的物质以改善其美观度。敦煌壁画中绘制有唐初的《维摩诘经变》中就有将指甲涂成红色的人物。古人染指甲的主要方法是利用指甲花（凤仙花）和明矾。南宋人周密在《癸辛杂志》中记载了指甲花染指甲的方法：凤仙花红者捣碎，明矾少许，染指甲，用片帛缠定过夜。如此三次，则其色深红，洗涤不去。

近现代以来，随着人类科学的发展和审美观念的变化，各类化妆品层出不穷。

2. 皮肤化妆品

现阶段，人们在选择面部化妆品时除了传统的改善面部皮肤色泽的需求之外，往往还注重面部皮肤化妆品的保湿、延缓皮肤衰老和增白的功效。

化妆品的保湿原理一般采用添加保湿成分以降低皮肤角质层的水分蒸发率，增加真皮和表皮水分渗透率，以减少环境带来的皮损并促进皮肤自我修复。从保湿原理上划分，保湿剂分为油脂型保湿剂、吸湿性保湿剂、水合保湿剂和修复类保湿剂。保湿类化妆品中的保湿成分一般是通过极性官能团和水分子间形成氢键以降低皮肤中水分的蒸发，甘油和植物多糖就是常见的纯天然皮肤保湿剂。动物胶原蛋白和一些植物性蛋白也可以作为保湿剂添加到皮肤化妆品中以增加其保湿性。

健康的人体皮肤本身具有一定的保湿能力，因此与单纯的保湿相比，减少皮肤中的自由基以延缓皮肤衰老是常见的保湿方法。化妆品中添加的维生素C等抗氧化剂就是希望通过其捕捉自由基来延缓皮肤的衰老从而增加皮肤保湿性能的。

研究具有抗氧化和保湿功效的天然物质以丰富皮肤用化妆品是近年来人们十分关注的科学课题。例如有报道称蓼科植物中含量较高的白藜芦醇，具有良好的抗氧化性和消除自由基的能力。《国际化妆品原料标准目录》中已将白藜芦醇列为化妆品中允许添加的物质。

需要说明的是，一些不法商家为了提升化妆品的美白和润肤功能，非法将糖皮质激素类物质添加到化妆品中。糖皮质激素类物质能够抑制纤维细胞增生因而对皮肤有一定的嫩白作用。但是人体在长时间接触这类物质后会引发高血糖、高血压、骨质疏松、免疫功能下降和肥胖等副作用。因此我国《化妆品安全技术规范》规定醋酸曲安奈德和氢化可的松等糖皮质激素类物质严禁在化妆品中添加。另外，雌酮和黄体酮等能增加皮肤弹性的性激素为明显的人体危害性类物质，也被禁止在化妆品中添加。

随着人类审美观念的变化，美黑类化妆品也逐渐受到人们的关注，除了"涂料式"美黑法之外，皮肤美黑的原理主要是通过化学物质和皮肤发生化学反应生成颜色较深的物质达到的。二羟基丙酮能与皮肤角蛋白中的氨基酸发生"美拉德"反应生成棕色的复合物，进而使皮肤呈现自然棕色（小麦色）。因此，用于增黑的美黑化妆品中主要添加二羟基丙酮。研究表明，一定量的二羟基丙酮容易导致人体皮肤过敏，因此这类化妆品在使用前建议经过皮肤过敏试贴。目前美国和欧盟对添加二羟基丙酮的美黑产品的添加量和使用范围都做了明确的规定。我国已经将二羟基丙酮列入《已使用化妆品原料名称目录》。

为了抑制皮肤上的革兰氏阴/阳性菌、霉菌和假单细胞菌等致病菌，皮肤用化妆品中经常添加防腐剂，《化妆品安全技术规范》中规定了各类化妆品防腐剂的使用范围和使用量。其中甲醛释放体类防腐剂是一类通过不断释放甲醛起到抑菌作用的防腐剂。在可用于化妆品中的8种甲醛释放体类防腐剂中，咪唑烷基脲是最常见防腐剂。选择含这类防腐剂的化妆品时应注意不断释放的甲醛对人体可能造成的危害。

总体来讲，以润肤露为例，皮肤化妆品中的主要成分包括保湿剂、乳化剂、防腐剂和芳香剂四类物质。所有化妆品中的化学物质都可能通过皮肤扩散到身体内部。因此我们选择皮肤用化妆品时应该了解其添加成分以及对人体的潜在影响。例如，化妆品可能引起各类皮肤过敏；化妆品中的物质通过免疫反应或接触刺激可能引发变应性接触性皮炎或继发性过敏性皮炎。因此过敏性体质人群选择化妆品时应该考虑其潜在的影响。

保湿是皮肤用化妆品的主要功能，一定浓度的甘油水溶液就能替代常见皮肤用化妆品的大多数功能。

3．染/烫发剂

很多人希望通过改变头发的颜色来塑造和改变自己的外形。这样的市场需求刺激了各类染发剂的研究和发展。按照染发持久性可以将染发剂分为暂时性、半持久性和持久性。按照染发剂的成分可将其分为植物型、无机型和氧化型三类。整体来看，染发的基本原理是头发在碱性物质作用下膨胀，渗透到毛发皮质的粗纤维中的过氧化物、染料中间体和偶合剂反应聚合形成大分子色素。有色物质被锁在头发纤维中不易被洗掉，从而使头发持久保持被染颜色。目前市场上染发产品中使用最多的染发物质为间苯二酚（褐色和棕色染料的主体）、对苯二胺（黑色染料）和间（对）氨基苯酚（深褐色和棕黑色）三种。虽然我国《化妆品安全技术规范》（2015版）中规定了准用的75种较为安全的染发染料名录，但是染发剂对人体的潜在毒害作用一直受到相关专业人士的关注。有研究报道染发剂能引起肝脏和泌尿系统损害，美国癌症协会曾经对1.3万名染发妇女进行调查发现，染发妇女患白血病的概率是未染发妇女的3.8倍，我国也曾经有染发导致白血病、皮肤癌和膀胱癌的报道。因此，我们选择染发作为改变自身形象的手段时应该认识到染发剂对人体的潜在危害。

毛发主要是由角蛋白组成的一类蛋白质。角蛋白中含硫的半胱氨酸的含量较高。半胱氨酸侧链上的巯基氧化后形成的硫硫化学键增加了角蛋白的韧度。为了塑造各类发型，人们往往需要将头发经高温烫成一定的造型，通过化学反应将头发蛋白中的二硫键断裂以增强发质的柔软性。巯基乙酸钙是常见的卷发剂。经过巯基乙酸/钙处理的毛发明显地柔软。因此，在一些脱毛剂中也经常添加巯基乙酸。巯基乙酸对皮肤的刺激性小，几乎无味，长时间或大量接触后会出现头昏眼花等症状。研究表明，过量接触巯基乙酸容易产生免疫功能毒性和生殖系统毒性等。我们国家《化妆品安全技术规范》对一般烫发产品中添加巯基乙酸的量有严格的规定。

无论是染发还是烫发，头发在接触化学药品后其表面油脂保护层会受到一定程度的损害，因此经常烫/染发后会出现发质变差的现象。

4．指甲油

指甲油的配方一般由成膜剂、悬浮剂、着色剂和溶剂组成。成膜剂是使着色剂易于在指甲表面形成固着膜层的重要物质，其主要作用是使指甲油易于涂布和流平。常见的成膜剂为硝化纤维素、辅助成膜剂和增塑剂的混合物。悬浮剂又叫防沉剂，其主要作用是使溶解度不好的固体颗粒不易沉淀分层。指甲油的液态溶剂主要分为有机溶剂和水两大类，有机溶剂主要包括乙酸乙酯、丙酮、邻苯二甲酸酯等。为了快速干燥成膜，常见水性指甲油中也含有诸如丙酮等易挥发的有机溶剂，纯水性无有机溶剂添加的指甲油的开发一直受到人们的关注。例如许海燕等曾报道了利用水性聚氨酯分散体和水性丙烯酸分散体混合水性树脂复合乳液作为水性指甲油的成膜树脂，配以消泡剂、流平剂、增稠剂、色浆和香精等制备的无有机溶剂环保指甲油。需要思考的是，由于水的挥发性较差，无有机溶剂添加的纯水性指甲油和含有有机溶剂的指甲油相比，成膜干燥时间较长的问题制约其市场化发展。由于丙酮和水的共溶性和快速挥发的特点，在指甲油中添加丙酮等有机溶剂能大大缩短成膜干燥时间。目前绝大部分市售的指甲油都含有丙酮等有机溶剂。

指甲油中的挥发性成分对人体的伤害一直备受相关研究人员的关注。美国疾病控制与预防中心的研究表明，美甲行业从业人员的肌肉骨骼疾病、皮肤问题、呼吸道问题和头痛等症状通常与工作场所空气质量有关。另有研究表明，美甲技师与对照组的心肺功能差异和职业暴露有明确的相关性。这些研究都表明指甲油中的挥发性有机成分可能对人体具有潜在的伤害性。

5. 唇膏

在干燥的季节，嘴唇皮肤中水分的流失往往容易造成皮肤开裂等问题，因此在很久以前人们就知道将（动植物或矿物）油脂或蜂蜡等物质涂抹在嘴唇皮肤上以防止水分散失从而达到保护皮肤的作用。这些油脂或者蜂蜡就是唇膏的早期雏形。随着人们生活水平的提高，人们在唇膏中添加红色颜料以增加嘴唇皮肤的美感度。目前市售的唇膏主要包括润唇膏和口红两大类。除了口红中的色素之外，唇膏的主要成分仍然是油、脂和蜡等有机物质。

市售的唇膏中常用的油脂成分主要包括芦荟油、牛油果树脂、坚果籽油等植物类油脂以及维生素E、角鲨烷、凡士林、羊毛脂和蜂蜡等。有的唇膏中会添加一定量的抗氧化剂以降低皮肤的老化速度，常见的唇膏抗氧化剂为丁羟甲苯。另外，防腐剂（羟苯丙酯或羟苯甲酯，具有杀灭细菌作用）和色素也是唇膏中常见的添加物质。

总之，由于化妆品直接用于人体皮肤和毛发等部位而可能被皮肤吸收其中的化学物质，我们在选择化妆品时应科学认识其中的组成成分和潜在的危险。

参考文献

[1] 胡春丽，沈文娟，汪丽. 化妆品的定义和命名简析 [N]. 香料香精化妆品，2019，1，83 ~ 85.

[2] 刘淑曼. 古代的女子怎样梳妆 [N]. 中华读书报，2011，5，11，010版.

[3] 柴记红，王怀友，汪成，等. 中国美白化妆品的发展历程 [J]. 广东化工，2017，44 (21)，120 ~ 122.

[4] 高宇，樊嘉禄.《齐民要术》中的"合香泽法"模拟实验研究——兼论古代发用类方药的特征 [J]. 黄山学院学报，2018，20 (1)，16 ~ 21.

[5] 谭静怡，广丰. 化妆品的前世今生 [J]. 中国化妆品，2009，9，70 ~ 76.

[6] 黄霏莉，徐大鹏，范晔. 试论中药化妆品的特色与优势 [J]. 中国医药学报，2000，15 (3)，20 ~ 24.

[7] 李芽. 汉代化妆文化综述 [J]. 戏剧艺术，2008，6，100 ~ 106.

[8] 王亚兵. 唐诗中女性面妆考释 [J]. 美与时代：美学 (下)，2019，4，126 ~ 129.

[9] 汝娟坚. 金属铅粉制备技术的研究现状与进展 [J]. 世界有色金属，2018，9 (17)，225 ~ 226.

[10] 刘卫群. 中国古代化妆品词语研究 [D]. 江西师范大学硕士毕业论文，2011.

[11] 张裕杭，岳青. 白藜芦醇在化妆品中的应用专利技术分析 [J]. 山东化工，2019，48 (14)，106 ~ 108.

[12] 张凤兰，林庆斌，李琳，等. 二羟基丙酮安全性能及化妆品法规管理现状 [J].

中国药事, 2019, 33（7）, 829 ~ 833.

[13] 黄瑞豪. 化妆品中保湿功效成分的前沿进展 [J]. 当代化工研究, 2018, 8, 56 ~ 57.

[14] 曹海荣, 李丹, 薛晓康, 等. UPLC-MS/MS测定化妆品中7种禁用物质残留 [J]. 化学研究与应用, 2019, 31（7）, 1387 ~ 1392.

[15] 李颖. 9款婴儿护肤乳霜大比拼 [J]. 中国质量万里行, 2018, 2, 18 ~ 22.

[16] 陈丹丹, 钟吉强, 王柯, 等. 含巯基乙酸化妆品检测结果分析 [J]. 香料香精化妆品, 2019,（3）, 50 ~ 54.

[17] 茹歆, 陈丹丹, 袁晓倩, 等. 化妆品中甲醛释放体类防腐剂咪唑烷基脲的含量测定方法 [J]. 香料香精化妆品, 2019, 3, 67 ~ 69, 79.

[18] 翁东海, 刘江, 蒋清清, 等. 化妆品中一种新的非法添加糖皮质激素——倍他米松丁酸乙酯 [J]. 香料香精化妆品, 2019, 3, 45 ~ 49.

[19] 顾宇翔, 郑翌, 顾澄皓. 染发产品中准用染发剂的检测方法和使用情况研究进展 [J]. 日用化学工业, 2019, 49（7）, 456 ~ 462.

[20] 高宇. 中国古代化妆品制作技艺研究 [D]. 安徽医科大学硕士毕业论文, 2018.

[21] 许海燕, 孙伟, 张兴元, 等. 基于水性聚氨酯分散剂的环保无毒型水性指甲油的研制及应用 [J]. 涂料技术与文摘, 2016, 37（5）, 34 ~ 37.

[22] 夏俊鹏, 吴飞, 邵爱梅, 等. 气相色谱－质谱法测定指甲油中17种挥发性有机溶剂 [J]. 理化检验：化学分册, 2013, 49（11）, 1297 ~ 1300.

[23] 吴飞, 夏俊鹏. 高效液相色谱法测定指甲油中甲醛、乙醛和丙酮 [J]. 理化检验：化学分册, 2015, 51（8）, 1080 ~ 1083.

[24] 佟丽丽. 指甲油中有毒有害物质的分析研究 [D]. 天津大学硕士毕业论文, 2013.

[25] 王心灵, 李小晶. 含有消化纤维素指甲油的专利技术综述 [J]. 中国科技信息, 2019, 8, 15 ~ 16.

[26] 于大庆, 于小庆, 王婷婷, 等. 凤仙花色素指甲油的研究 [J]. 安徽医药, 2017, 21（1）, 36 ~ 38.

[27] 陈晓, 谌文元, 马培培, 等. 具有UVA、UVB双重防护效果的防晒唇膏的研究 [J]. 药学实践杂志, 2018, 36（3）, 277 ~ 281.

[28] 王凯玥, 张娥, 梁浩, 等. 一种不沾杯唇膏的配方设计及其性质检测 [J]. 香料香精化妆品, 2019, 1, 47 ~ 50.

[29] 刘友. "成分控"这样选择润唇膏 [J]. 中国质量万里行, 2016,（3）, 82.

千滚水

水是生命中不可或缺的重要物质，生活中我们经常听说"千滚水"不能喝，这种说法科学吗？

1．千滚水

目前科学界对"千滚水"并无明确的定义，日常生活中所谓的千滚水指经过反复多次烧开后的水。有些人处于节俭的目的或者生活习惯经常把因放置时间较长导致温度降低了的开水重新加热煮沸并存储使用；还有些家庭在使用饮水机时因长时间打开电源导致其内部部分水体反复被加热蒸煮。这些都是生活中常见的"千滚水"。"千"仅仅是个不确定量词，由于在家庭生活中不可能将水反复煮沸上千次，因此千滚水仅仅是指经过两次以上煮沸的饮用水的统称。

2．千滚水中的有害成分

对于饮用千滚水的危害，最流行的说法是千滚水中含有的亚硝酸盐对人体会产生"危害"作用。我们需要对这种可能的危害进行科学分析和认识。

亚硝酸盐的主要生物毒性是能将正常的血红蛋白氧化为高铁血红蛋白从而降低血液运输氧气的能力。

首先自来水中含有一定量的硝酸盐和亚硝酸盐，其来源主要是氮素化肥的使用、污水灌溉、固体废弃物淋滤下渗、生活污水和含氮工业废水的渗漏等。自然水体中的不同氮元素间的转化主要是氨氮在好氧菌作用下被氧化为亚硝酸和硝酸以及在厌氧菌作用下硝酸盐被还原为亚硝酸盐的过程。自来水厂经过水净化处理后的饮用水中亚硝酸盐和硝酸盐的含量不会对人体产生危害。自来水厂通过氯气消毒能够杀灭绝大多数水中的细菌和其他微生物。因此，正常情况下烧开后的自来水可以放心饮用。

经过反复蒸煮后的千滚水能否因水分蒸发造成亚硝酸盐的富集从而达到人体中毒的量呢？

不同的研究均表明，水在加热沸腾过程中确实会因蒸发作用导致其中的微量盐类物质浓度升高。例如张美娟等的研究表明，自来水在反复烧开过程中亚硝酸盐的含量会逐渐升高，但是其含量都保持在1/100000以下，根据换算，正常人一次饮用十几吨反复烧开6次后的千滚水才能达到人体亚硝酸盐中毒的剂量，而亚硝酸盐在人体内并不会长时间的累积，因此，饮用千滚水容易导致亚硝酸盐中毒的说法是不科学的。

由于纯净水中并不含有（含量非常低）氨氮物质，桶装纯净水反复加热后的千滚水中也不应该凭空产生亚硝酸盐。马汉旌通过研究表明，在饮水机中反复加热超过12h的纯净水中并未检测出亚硝酸盐。这完全符合化学中的质量守恒定律。

因此，饮用"千滚水"致癌的说法完全是伪科学。

参考文献

［1］张美娟，宋文青，杨雪颐，等. 关于千滚水中亚硝酸盐含量的研究［J］. 课程教育研究，2016，3（中旬刊），167～168.

［2］廖亮. 给水处理中亚硝酸盐来源分析及控制［D］. 西安建筑科技大学硕士毕业论文，2008.

［3］马汉旌. 喝"千滚水"对人体是否有害［J］. 酒·饮料技术装备，2017，11，45～46.

［4］李颖. 中国科协"科学流言榜"发布　揭开谣言伪科学面纱［J］. 中国质量万里行，2019，7，92～94.

茶垢

我非宝贝
留我何用⋯⋯

　　人们在喝茶后往往发现茶具内壁会附着一层深颜色的茶垢，爱喝茶的人将这层茶垢称为"茶山"。使用多年并未清理的茶具在加入一定温度的热水后也能散发出"无茶三分香"的气味，但是民间有茶垢中含有一定量的重金属会威胁健康的"喝茶不洗杯，阎王把命催"说法。对于茶垢，我们应该了解哪些科学知识呢？

1．茶垢的成分

茶叶中含有一定量的茶多酚类物质，该物质具有较强的还原性（容易被空气氧化）和化学反应活性。不同茶叶中含有的茶多酚的量不同，与深度发酵的红茶和黑茶相比，绿茶中的茶多酚含量较高。根据绿茶最容易生成茶垢的事实可以推测，茶垢的生成主要是由茶多酚引起的。通过乾云菲的研究证实了这个推测。

乾云菲通过研究表明，茶垢主要由碳、氧、钾、钙、镁、锌和硅等元素组成，而且其主要成分是有机物。茶叶中的儿茶素（茶多酚的一种）含量越高越容易形成茶垢。由于红茶长时间的发酵氧化导致其茶多酚的含量相对较低，红茶形成茶垢的能力最差。茶叶中黄酮含量越高越不易形成茶垢。茶垢中的无机元素主要来源于水，只有少量来自茶叶浸出物。因此，茶垢的生成机理主要是茶多酚在空气氧化下聚合并和水中金属离子配位后生成不溶于水的深色物质的过程。有研究表明茶垢中来源于水的除钙镁等金属离子之外的其他金属离子含量随着时间的推移有逐渐增加的趋势，这些金属离子有可能来自空气中的金属离子悬浮物。但是与水中的金属离子的含量相比，空气对茶垢中金属离子的影响可以忽略不计。目前尚未有研究印证茶垢中重金属离子含量较高的说法。

从科学角度来看，被氧化聚合的茶多酚理论上确实能够通过络合作用富集金属离子，但是，（聚合）氧化茶多酚和金属离子络合后的物质很难溶解于水中。因此，即使通过络合作用吸附在茶垢中的重金属也无法转移到茶水中进而进入到人体中。因此"喝茶不洗杯，阎王把命催"说法并不科学。

2．茶具中茶垢的去除

茶垢只溶于高浓度的氢氧化钠溶液，常见的诸如酒精、食醋、甲醇、丙酮、氯仿、甲苯、盐酸和硫酸等并不能溶解茶垢。因此，正常情况下茶垢不可能通过溶剂浸泡自动被清洗干净。由于茶垢越厚越难清洗，建议每次喝完茶后都要清洗茶具。

对于溶解度差的固体物质的清洗，一般采用物理摩擦的方法进行清除，而且碱性体系有利于茶垢的溶解，因此清洗茶具时最好采用软毛刷或牙刷配合使用牙膏或苏打水（碱性液体）。

总体来讲，茶垢除了影响茶具的美观之外，对人体并无多大的影响，因此诸如紫砂壶之类的茶具的清洗可以根据个人的爱好酌情进行。

参考文献

［1］乾云菲. 茶垢形成机理研究［D］. 南京农业大学硕士毕业论文，2015.

［2］钟凯. 茶垢是健康大敌？［N］. 健康报，2018，1，17.

［3］芮孟瑜. 吴梓谦，何柳青，等. 保丽净义齿清洁剂对不同茶垢清洁效果的对比研究［J］. 临床口腔医学杂志，2019，35（4），203 ~ 204.

第五章

化学与食品健康

第一节

油炸食品

　　食品在油炸过程中能产生包括醛类、醇类、烃类、酮类、酸类、酯类、芳香类和杂环类等易挥发的小分子有机物，这类物质的清香、易保存和易烹饪性导致油炸食品在世界各民族中都普遍存在。众所周知，食用油脂含有较高的热量。因此在人们普遍的认识中，油炸食品容易引发肥胖而备受关注。除了热量之外，食物经过油炸熟化的过程就是食物中的物质不断发生化学变化的过程，因此对于该过程中的化学变化以及可能带来的食品安全问题需要我们科学认识和思考。

1．油炸过程中的化学变化

2002年，瑞典科学家首先发现富含淀粉的食物经过高温加热后其内部的丙烯酰胺含量升高的现象。通过同位素示踪法发现，丙烯酰胺来源于食物中的天冬酰胺。食物中的天冬酰胺和还原性糖在高温下反应能够生成丙烯酰胺。因此理论上含有氨基酸和糖类物质的食物在煎炸时都能生成丙烯酰胺。常见的炸糕、油条和麻花等油炸食品中不可避免地会含有一定量的丙烯酰胺。

研究表明，油炸温度对丙烯酰胺的生成具有较为显著的影响。油温在高于120℃时丙烯酰胺才能生成，油温越高丙烯酰胺的生成量越高。180℃下煎炸食物时，丙烯酰胺的生成量最大。在固定温度和食物的情况下，煎炸时间越长，食物中丙烯酰胺的含量越高。另有研究表明，在180℃条件下，油条中丙烯酰胺的含量在0 ~ 4.5min内呈增长趋势，4.5min后丙烯酰胺的含量逐渐降低，这和丙烯酰胺的化学性质较为活泼有关；且全麦面粉油炸食品中丙烯酰胺的含量最高，糯米和粘米粉最少。总体来讲，尽量降低油炸温度和缩短油炸时间是降低食品中丙烯酰胺含量的有效方法，最佳的油炸温度和油炸时间分别是160℃和180s。使用不同的食用油，油炸食品中丙烯酰胺的含量不同。棕榈油煎炸后产生的丙烯酰胺量高于花生油、玉米油和大豆油。

在油炸食品储存期间，随着储存时间的延长，食物中丙烯酰胺的含量也会逐渐增加。不同种类的油炸食品中丙烯酰胺含量变化差异较大。

油脂中含有顺式烯烃结构的脂肪酸在高温下可能异构化为稳定的反式脂肪酸结构，因此，食物在油炸过程中能够产生一定量的反式脂肪酸。与菜籽油相比，棕榈油在煎炸过程中产生的反式脂肪酸量较少。

食品在煎炸等加工过程中，脂肪、胆固醇、蛋白质和碳水化合物都可能发生氧化脱氢的芳构化反应生成苯并芘。

2．油炸食品的安全问题

油炸食品中的丙烯酰胺是一种活性较高的有机小分子，可溶于水或通过皮肤、黏膜和呼吸道被人体吸收。丙烯酰胺可以引起人体神经尤其是周围神经的损害。各类研究均表明丙烯酰胺具有一定的生殖毒性和致畸性，因此丙烯酰胺被国际癌症研究机构列为2A组"可能人类致癌物"。目前，我国相关食品卫生标准中并未对丙烯酰胺的限值进行明确规定。

由于食用油容易被氧化的特性，在油炸食品的食用油中经常添加一定的抗氧化剂，常见的添加剂为特丁基对苯二酚。我国的食品添加剂使用卫生标准（GB 2760—2007）中允许在食用油、油炸食品等食物中添加特丁基对苯二酚的量为＜200mg/kg。近年来研究发现，特丁基对苯二酚具有一定的生物毒性，日本的国家标准已经将其使用限量降低为1mg/kg。

为了使油炸食品显得蓬松和口感更佳，很多商家在煎炸油饼和油条时会向面粉中添加明矾。明矾的过量食用可能会导致人体铝摄入量超标而严重危害健康。

煎炸食物中的苯并芘是人类发现的第一个化学环境致癌物质，也是世界卫生组织确定的三大致癌物质之一，具有致癌性、致畸性和致突变性。苯并芘是多环芳烃中致癌性最强的一种芳香性化合物。苯并芘可以通过人体皮肤、呼吸道黏膜和消化系统进入体内。我国对于食用油中苯并芘的含量限值为10μg/kg。对煎炸食物中苯并芘含量尚未有明确的规定。为了降低食品中苯并芘对人体的危害，我们应该合理选择诸如烟熏、烧烤和油炸等苯并芘含量较高的食物，此外也可以通过摄入富含牛磺酸、维生素C、维生素E和五味子乙素等能具有抑制苯并芘致癌作用的食物或营养强化剂。

总之，油炸食品并不是一无是处，除了能使人获得必需的热量和脂肪酸外，油炸食品还有利于人体对脂溶性维生素的吸收和获得抗氧化营养素。因此油炸食品并不能等同于垃圾食品。我们选择食用油炸食品时需要严格控制油炸食品的摄入量，并注意其烹饪方式。

参考文献

［1］王思维. 油炸食品丙烯酰胺生成及其感官评价方法研究［D］. 大连工业大学硕士毕业论文，2017.

［2］李家珂，李伟，李文红. GC-MS测定油炸食品中的特丁基对苯二酚［J］. 河南预防医学杂志，2016，27（9），657～660.

［3］郑艺，何亚红，何计国. 不同油脂对油炸食品中反式脂肪酸含量的影响［J］. 食品科学，http:// kns. cnki. net/ kcms/ detail/ 11. 2206. ts. 20190710. 1615.030.html.

［4］马雯雯. 几种油炸食品贮藏过程中品质变化研究［D］. 西北农林科技大学硕士毕业论文，2017.

［5］张云焕，冯亚静，李书国. 减控油炸麻花中丙烯酰胺生成方法［J］. 食品科学，2018，39（7），113～118.

［6］方婧杰. 浅论油炸食品的烹调工艺与营养控制［J］. 现代食品，2017，3（19），9～11.

［7］冯亚净，王瑞鑫，李书国. 食品中苯并芘的来源及监控方法的研究［J］. 粮食与油脂，2017，30（2），72～75.

［8］万重，王宸之，苏赵，等. 食物油炸过程中挥发性成分研究进展［J］. 中国粮油学报，2017，32（12），126～133.

食品添加剂

　　中华人民共和国食品安全国家标准（GB 2760—2014）定义的食品添加剂是为改善食品品质和色、香、味，以及为防腐、保鲜和加工工艺的需要而加入食品中的人工合成或者天然物质。食品用香料、胶基糖果中基础剂物质、食品工业用加工助剂也包括在内。在对人体不产生健康危害、不遮盖食品腐败变质的味道、不遮盖食品的质量缺陷、不降低食品的营养价值和能达到预期效果的前提下，为了保持或提高食品的营养价值、提高食品的质量和稳定性和便于生产流通的情况下，才可以在食品中添加相应的食品添加剂。

1．食品添加剂的功能类别

我国规定的食品添加剂种类已经超过了2000种。从功能上讲，这些食品添加剂主要有调节酸度、抗凝结、消泡、抗氧化、漂白、蓬松、起泡、增塑、耐咀嚼、护色、乳化、（酶）催化、增味、被膜、保水、防腐、增稳定、促凝固、增甜、增稠和增香21种作用。另外，在食品加工过程中也可能为了助滤、澄清、吸附、脱膜、脱色、脱皮和提取等添加一定的加工助剂。合理使用这些食品添加剂可以一定程度上改善食品的质量、保证食品色香味俱全、保证食物的营养均衡、抑制微生物和便于保存。所有符合国家标准的食品添加剂的合理使用都不会对人的身体健康造成影响。

2．食品添加剂的安全性问题

吴慧以案例的形式总结了近年来我国食品安全方面因食品添加剂的使用导致的九种安全性问题。第一，食品添加剂制作不规范可能带来人体健康的危害，如有报道称部分厂家利用红薯渣经高压酸解氨化制备氯丙醇含量超标的焦糖色素导致人体肝脏、肾脏、生殖系统和神经系统的损害。第二，食品添加剂之间因互相发生化学反应生成有毒物质造成的人体健康危害，如防腐剂苯甲酸钠和抗氧化剂维生素C同时添加时可能生成致癌性的苯从而危害人体健康。第三，超量使用食品添加剂带来的人体健康危害，如在糖果中添加超剂量的色素和腌制酱菜中超量添加防腐剂等。第四，超范围使用食品添加剂造成的人体健康危害，如在海产品中违规添加国家标准中明文禁止在海鲜中使用的苯甲酸问题。第五，违法添加非食品添加剂造成的人体健康危害，如用甲醛处理新鲜荔枝和海产品以及食品中违规添加吊白块、苏丹红和三聚氰胺等。第六，滥用食品添加剂造成人体健康的危害，如完全由食品添加剂勾兑的果汁饮料，由香精、香料和凝胶剂制备的辣条等。第七，使用过期的食品添加剂造成的人体健康危害，如过期的亚硝酸盐和偶氮色素都可能含有对人体具有危害性的分解产物，这类过期食品添加剂的使用可能会对人体造成危害。第八，产品标识不规范引起的误导消费者现象，如标注有"天然美味即食"字样的食品中其实添加了食品添加剂。第九，媒体夸大报道引发的食品安全恐慌问题，如各大媒体平台报道的相关食品添加剂的危害造成消费者对食品安全的恐慌。

需要说明的是，允许使用的食品添加剂对人体的作用是经过严格的科学实验检验的，严格按照国家相关法律法规合理科学地添加一定量食品添加剂的食物完全可以放心食用。

3. 食品安全的监控

目前，我国已经制定了《中华人民共和国食品安全法》和《食品添加剂使用标准》，这两部法律法规是相关部门监控食品安全的依据。但是随着科技的不断发展和人民生活水平的提高，"人民日益增长的物质文化需要同落后的社会生产之间的矛盾"造成的食品安全监控方面的问题不可避免。

从法律法规上，我国食品添加剂监管法律制度的缺失方面主要表现在以下两点。第一，部分食品添加剂未规定使用标准。由于新的食品添加剂层出不穷，法规中的食品添加剂未能对现有的可用食品添加剂进行全覆盖。例如我国《食品添加剂使用标准》中尚未对三氯丙醇的限量进行明确的规定。第二，食品添加剂缺少统一的市场准入标准。例如河南省地方标准《调味面制食品（DB 41）》中规定糕点类和膨化食品类可以添加山梨酸钾和脱氢乙酸钠两类防腐剂，而原国家卫计委《关于爱德万甜等6种食品添加剂新品种、食品添加剂环己基磺酸钠（又名甜蜜素）等6种食品添加剂扩大用量和使用范围的公告》（2017年第八号）中规定调味面制品中不可添加这两类防腐剂。我国立法对食品添加剂的使用标准还需要进一步统一。

从监控现状方面，相关监控部门应依法加强对食品添加剂的监控力度以确保人民群众的健康。孙雅君曾对秦皇岛市食品安全监控的调查研究发现，秦皇岛市食品安全监管存在的问题主要是监管力量薄弱、监管队伍自身建设不足、食品监督管理经费不足和食品安全宣传力度不够等。这个局部地区的研究结果对我国制定相应的食品添加剂乃至食品安全的监控体质具有一定的借鉴意义。

总体来讲，我国的食品添加剂安全使用的法规和监管体制逐渐趋于成熟，符合国家标准的添加了一定食品添加剂的食品可以放心选用。

参考文献

［1］吴慧. 探讨食品添加剂对食品安全的影响［J］. 现代食品，dio：10.16736/j.cnki. cn41-1434/ts.2019.12.046.

［2］张燕. 食品添加剂的作用与安全性控制［J］. 现代食品，dio：10.16736/j.cnki. cn41-1434/ts.2019.12.043.

［3］夏焱. 食品添加剂，个个是"毒药"吗？［J］. 中医健康养生，2019，8，27～30.

［4］唐新宇. 试述食品添加剂的使用及其对食品安全的影响［J］. 轻工科技，2019，35（8），29～30，76.

［5］李迎. 我国食品安全监管法律制度研究［D］. 河北科技大学硕士毕业论文，2019.

［6］李少莉. 我国食品添加剂监管制度研究［D］. 烟台大学硕士毕业论文，2018.

［7］孙雅君. 秦皇岛市食品安全现状与监管对策研究［D］. 河北科技师范学院硕士毕业论文，2016.

第三节

食物美容剂

一些食物在加工和储存过程中会逐渐脱色，另外由于绝大多数消费者选购食品的爱好导致食物中添加色素成为绝大多数食品加工行业在加工食品过程中不可或缺的环节之一。这些色素就是食物的美容剂。食用色素按其来源可以分为天然色素和合成色素两大类。

1．色素生色的原因

人类对不同颜色的区别主要是靠眼睛接受不同波长的光线进行的。太阳的白光照射在有色物质上时，物质对不同波长可见光的吸收不同导致反射光中波长集中在可见光区的某个波段从而造成人视觉系统的不同感觉。例如，红色物质在吸收太阳光时主要吸收蓝紫波段的光，红光被反射后造成人们看到物质呈现红色光波。由于蓝紫光的能量较红橙光高，红橙色物体因吸收能量较高的蓝紫光而属于暖色物体。白色物体能够反射绝大多数可见光波，黑色物体能够吸收绝大多数可见光波。

不同颜色物体对光的吸收是靠其中的有色物质进行的。例如硝基苯呈现微黄色的原因是其分子结构中大共轭体系的 π 电子的跃迁使其能够吸收一定的蓝紫光，由此可见，所有有色化合物的呈色方式都是其分子内电子在不同轨道的跃迁导致的。

2．天然色素和合成色素的区别

从本质上讲，无论是天然色素还是合成色素，它们的呈色原理都是分子中电子对光的吸收作用。因此两种色素并无优劣之分。色素能够添加到食物中唯一的衡量标准是有无毒害性能。并非所有的天然色素都可以添加到食物中，相反也并不是合成色素就不能作为食品色素添加到食物中，我国《食品安全国家标准 食品添加剂使用标准》（GB 2760—2014）中允许一定量的诸如赤藓红等人工合成的色素在食品中添加。

根据分子结构的不同，天然色素可以分为类胡萝卜素类、花青素类、黄酮类、吡咯类和其他类型共五类。合成食用色素一般按照其颜色进行分类，如以苋菜红、胭脂红和诱惑红为代表的红色食用色素，以日落黄和柠檬黄为代表的黄色食用色素，以及以亮蓝，以及靛蓝为代表的蓝色食用色素。

从可食用动植物体内提取的天然色素因具有安全性能高和无毒副作用的优点而受到人们的青睐，但是与合成色素相比，天然色素具有对热、氧和金属敏感等稳定性差，染色不均匀，染色力差，对pH（酸碱度）敏感，应用专用性强和成本较高等缺点。以胡萝卜素为例，因其耐光、耐热和耐氧性能较差限制了其在食物中作为色素添加的用途。

绝大多数合成色素都属于非营养性化学物质。与天然色素相比，合成色素因具有色泽鲜艳、着色力强、性质稳定和价格便宜等优点而广泛应用添加于食品中。我们在食用含有合成色素类食物时应该注意其对人体潜在的危害。例如曾盈对食品中合成色素胭脂红进行了相关研究，结果表明，超过一定量的胭脂红可以缩短果蝇寿命，促进果蝇体内脂质过氧化反应，降低SOD活性和Mn-SOD的mRNA表达水平，破坏氧化和抗氧化系统的平衡。一定量的胭脂红对体外培养的细胞DNA具有损伤和遗传毒性。与胭脂红分子结构相似，苋菜红、新红、诱惑红、柠檬黄和日落黄等合成色素都属于偶氮类色素。这类食品染色剂对人体的作用还在持续研究中。其他研究表明，日落黄、柠檬黄和喹啉黄等六种合成色素能影响儿童神经系统冲动传导、刺激大脑神经，导致儿童患有多动、躁动、情绪化、注意力下降和行为过激等症状。

在评价两种色素对人体的危害时，人们往往错误地认为天然色素比人工合成的色素危害小，这缺乏科学的依据。自然界中大量的有毒动植物的存在足以说明其提取物并不完全对人体安全。另外，一些无毒物质在人体内代谢过程中产生有毒物质的情况也不是个案，因此所有的色素和食品添加剂都应按照同样的程序进行评价。无论是天然色素还是合成色素，凡是通过了相关科学评价的食用色素都可以放心使用和食用。

我国《食品安全国家标准　食品添加剂使用标准》（GB 2760—2014）中所规定的可应用于食品中的67种色素中合成色素11种，天然色素56种。这些色素的依法添加都是相对安全的。

参考文献

［1］刘淑玲. 天然色素结构与行为关系的研究及应用［D］. 山西大学硕士毕业论文，

2004.

[2] 乔华. 天然食用色素色泽稳定性的研究及应用 [D]. 山西大学硕士毕业论文, 2006.

[3] 曾盈. 人工合成偶氮类色素胭脂红的食品检测和毒性研究 [D]. 同济大学硕士毕业论文, 2007.

[4] 高昀荞. 食品中色素添加剂的电化学检测 [D]. 南京大学硕士毕业论文, 2015.

[5] 陈毅怡, 刘晓静, 曾晓房, 等. 使用天然红色素的研究进展 [J]. 广州化工, 2017, 45 (23), 6 ~ 7.

[6] 许学飞, 林起业, 林其汉. 一起非食用色素油溶黄引起的食物中毒调查报告 [J]. 海峡预防医学杂志, 2002, 8 (4), 75.

[7] 郑民. 食物天然色素的化学成分及其它 [J]. 扬州大学烹饪学报, 2008, 2, 43 ~ 46.

[8] 戚平, 刘佳, 毛新武, 等. 食品中色素检测的研究进展 [J]. 食品与机械, 2018, 34 (11), 167 ~ 173.

[9] 朱烨. 食品添加剂红花黄色素的功能性研究进展 [J]. 农产品加工, 2019, 6, 92 ~ 93, 99.

[10] 吴嘉彦, 戴辉. 食品中9种人工合成着色剂的检测 [J]. 广东化工, 2019, 46 (11), 196 ~ 198.

减肥药与减肥

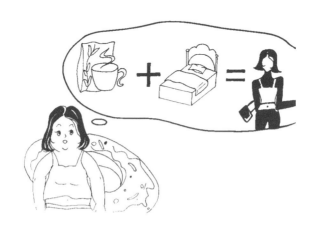

　　肥胖是指人体内储存了过多能量和脂肪的现象，其内在表现为脂肪细胞数量的增多和脂肪细胞体积的不断增大，即全身的脂肪组织块增大并且与其他组织处于失常比例的一种状态，其外在的表现是体重的增加并且超过了相对应身高所应达到的标准体重。对于肥胖的判定标准有体重、BMI、体脂率、皮褶厚度、腰围和臀围等方式，其中BMI判定肥胖的标准较为科学。BMI值是体重（单位：kg）和身高平方（单位：m^2）的比值，世界卫生组织定义的肥胖标准是BMI值大于30。其中体重过低、体重正常、体重超重、Ⅰ级肥胖、Ⅱ级肥胖和Ⅲ级肥胖的值分别是 < 18.5、18.5 ~ 24.9、25 ~ 29.9、30 ~ 34.9、35 ~ 39.9 和 ≥ 40。

除了少数人因下丘脑、垂体、胰腺和甲状腺等异常引起的继发性肥胖（病理性肥胖）之外，日常生活中常见的肥胖都是单纯的体脂增加性肥胖。无论哪种肥胖都可能引起高血压、心肌梗死、脑卒中、冠心病和乳腺癌等疾病。目前我国18岁及以上人群超重率已超过30%，肥胖人数占12%以上。因此如何科学减肥是人们日常生活中较为关心的问题。

1．能量储存和消耗过程

人们每日的饮食为自身提供生命活动所需要的能量。当饮食提供的能量超过身体所需要的能量时，绝大部分过多能量就会被转化成脂肪储存在身体各个部位。食物中的糖（淀粉）和油脂是体内脂肪合成的主要原料，氨基酸等营养物质也可能被转化为脂肪。因此从能量守恒定律来讲，所有的肥胖都是身体摄入了过多的能量导致的结果。当饮食中的能量低于每日生命活动所需要的能量时就表现为不断消耗之前储存的脂肪的过程。脂肪的生成和消耗过程主要通过肝脏进行，胰腺分泌的胰岛素参与了肝脏中糖的代谢过程。因此，身体中脂肪的累积和消耗是整个身体协同作用的结果。

2．科学减肥的认识

控制食物的日摄入能量有利于体内脂肪的减少，这就是减肥的科学依据。在食物中的糖、脂肪、蛋白质、水、无机盐和维生素六类营养物质中只有糖类、脂肪和蛋白质能为生命活动提供能量，因此，控制饮食中的能量主要是指控制糖类、脂肪和蛋白质的摄入量。考虑到身体代谢过程中六种营养物质的均衡，低摄入任何一种营养物质都是不科学的。

生命活动中所需要的能量分为基础代谢能量和身体活动能量两大类。基础代谢是指人体维持生命的所有器官所需要的最低能量，这是人体处于基础状态时的最基本代谢，而所谓的基础状态是指人处在清醒而又非常安静同时不受肌肉活动、环境温度、食物和情绪因素影响的状态。正常人的基础代谢能量大约占每天热量消耗的70%。人体活动能量占人体总热量消耗的15%～30%。如果人体基础代谢能量加上身体活动能量之和小于食物中摄取的热量和，则会引发身体发胖，反之则能起到减肥作用。

在基础代谢能量不变和饮食相对均衡和固定的情况下，每天适量的运动能够提高身体活动能量消耗进而达到减肥的目的，这便是减肥靠"迈开腿和管住嘴"的理论依据。适当的增加身体肌肉量也能提高基础代谢率，因此无论是无氧运动还是有氧运动都能达到减肥的目的。

除了科学地提升基础代谢和运动代谢以及降低摄入食物能量的方法减肥以外，社会上经常出现各种不符合科学的减肥方式，任何单纯依靠食（药）物进行减肥的方式都需要我们科学判断其合理性。

例如近年来流行的酵素减肥法受到很多减肥人士的喜欢，其实"酵素"在日语中就是汉语"酶"的意思。无论"酵素"产品中是否含有能够分解脂肪的酶，其进入肠胃后都会被消化液消化分解为氨基酸等营养物质，宣称口服酶就能达到减肥的目的没有任何科学依据。因此酵素产品仅仅是消化酶或者发酵食物产品或者功能性饮料罢了。

此外，也有很多人将减肥的希望寄托在"减肥药"上。诚然，目前药品市场确实存在能够减肥的药物。例如利拉鲁肽，进入身体后的利拉鲁肽能促使胰岛素分泌增加并能够抑制肝脏糖异生、抑制胃排空和促进饱腹感，从而达到减轻体重的目的。然而研究表明，该药物不能用于甲状腺髓样癌和2型多发性内分泌肿瘤综合征患者及有此两种疾病家族史者和孕妇。该药物还容易引起恶心、低血糖、腹泻、便秘、呕吐、头疼、食欲减退、味觉减退、乏力、眩晕和腹痛等症状。因此在选择药物减肥时应到正规医院确诊并严格遵医嘱服药。需要说明的是，任何私人渠道或者未经过我国医药卫生部门审批的减肥类药物都存在巨大的安全隐患。

3. 饮食的营养均衡

人体每天正常代谢过程中需要各类营养物质的均衡给予，如果打破正常的营养摄入则可能会诱发各类疾病。以流行的"生酮饮食"减肥法为例，所谓的生酮饮食是指一种低卡路里、中等量蛋白质、高脂肪和极低碳水化合物的饮食减肥法。简单地说，这种饮食方式是每天不吃或吃很少量的米饭，饮食以肉、蛋和油为主。当饮食中缺乏碳水化合物时，血液中的血糖量就会较低，此时身体误以为我们处于"饥饿状态"，肝脏将动员体内的脂肪转化为各种酮体代替葡萄糖为身体提供能量。这种生酮饮食短期内可以欺骗我们的身体分解脂肪以达到减肥的效果。然而研究表明，生酮饮食也会造成身体肌肉的分解从而降低了基础代谢率。身体处于高"酮症"状态时容易发生代谢性酸中毒，还有可能造成骨质减少、低钠、低镁、低血糖、低蛋白质和高尿酸血症。这种极易诱发营养失衡的减肥方法并不是科学的。

在日常生活中，我们应该注意各类营养物质的均衡摄入，只要每日能量摄入量不超过代谢量，肥胖就不可能发生。因此，任何非科学性的减肥方式都不能提倡。

参考文献

［1］毕研霞. "生酮饮食"减肥真靠谱？要慎用［N］. 人民政协报，2019，8，14.

［2］李佳霖. "有氧＋无氧"运动对肥胖女大学生减肥效果影响的实验研究［D］. 吉林大学硕士毕业论文，2018.

［3］张莹，吴景欢，洪平，等. 北京市超重和肥胖成人基础代谢率的研究［J］. 卫生研究，2016，45（5），739～742.

［4］简妙如. 电针结合有氧运动对单纯性肥胖基础代谢率的影响［D］. 南京中医药大学硕士毕业论文，2017.

［5］樊保慧. 间歇性高强度运动对青年男性肥胖者减肥效果的实证性研究［D］. 上海师范大学硕士毕业论文，2018.

［6］况利华. 30例超重肥胖患者的间歇性断食干预研究［D］. 南昌大学硕士学位论文，2017.

［7］张频，韩晓东，顾海鹰. 网红减肥法真的有效吗（上）［N］. 家庭医生报，2019，8，19，016版.

［8］王漫卓. 择时运动对肥胖大学生减肥效果的研究［D］. 山东理工大学硕士毕业论文，2017.

［9］黄震华. 新型减肥药物和心血管疾患［J］. 中国新药与临床杂志，2017，36（6），309～313.

茶

"茶"专业上是指一种常绿灌木或小乔木植物。"茶叶"是指茶树可食用的叶子和芽。随着时间的推移,"茶(叶)"的概念不断丰富和扩展。广义上,茶叶是指可用于泡茶的植物的花、叶、种子和根等的统称,例如菊花茶和决明子茶就是广义上茶叶的范畴。狭义上讲,茶叶就是茶树的叶子和芽加工后能够泡饮的一类物质的总称。在生活中,"茶"也指用茶叶泡出来的饮品。

1. 茶的分类

我国国家标准《茶叶的分类》(GB/T 30766—2014)将茶分为绿茶、红茶、黄茶、白茶、乌龙茶、黑茶和再加工茶七种。该分类主要是以加工工艺和产品特性为主,同时参考了茶树品种、鲜叶原料和生产地域。

绿茶是以鲜叶为原料，经过杀青、揉捻和干燥等工艺加工制成的产品；红茶是以鲜叶为原料，经过萎凋、揉捻（切）、发酵和干燥等工艺制成的产品；黄茶是以鲜叶为原料，经杀青、揉捻、闷黄和干燥等生产工艺制成的产品；白茶是以特定的茶树品种的鲜叶为原料，经萎凋和干燥等生产工艺制成的产品；乌龙茶是以特定茶树品种的鲜叶为原料，经萎凋、做青、杀青、揉捻和干燥等特定工艺制成的产品；黑茶以鲜叶为原料，经杀青、揉捻、渥堆和干燥等加工工艺制成的产品；再加工茶是以茶叶为原料，采用特定工艺加工的供人们饮用或食用的产品。总体上讲，绿茶属于不发酵茶；白茶和黄茶是微发酵茶；乌龙茶是半发酵茶；红茶是全发酵茶。

2. 茶叶中的营养物质和功效

茶叶中的营养物质含量丰富，包括维生素A、B、C、D、E、K等维生素系列，钾、钙、镁、铁、锌、硒、锰、磷和氟等微量元素，各种氨基酸和碳水化合物在内的营养物质都在茶叶中大量存在。截至目前，茶叶中发现的化学物质超过500多种。

茶叶中具有生物活性的物质主要是茶多酚（儿茶素、黄酮及黄酮醇、花青素和花白素、酚酸类四类物质）、茶色素、茶多糖和咖啡因四大类物质。

茶叶尤其是绿茶中含有大量的茶多酚，茶多酚是一种高效抗氧化剂，各类文献均表明其对细菌感染、炎症损伤、癌症、衰老、心脑血管疾病和糖尿病都有预防作用。综合各类报道，茶多酚的功效主要是其抗氧化作用达成的。

茶叶中的茶色素具有广谱抗菌、抗氧化、抗肿瘤、调节血脂以及抗心脑血管疾病等多种药理作用。红茶在发酵过程中，茶叶中的茶多酚会缓慢被氧化为茶黄素、茶褐素和茶红素等茶色素。因此茶叶中的茶多酚和茶色素基本上是此消彼长的过程。刘增辉等对市售茶饮中的茶多酚、氨基酸和维生素C的含量进行了研究，结果表明，即使未拆分储存情况下，随着时间的延长，茶饮中的茶多酚、游离氨基酸和维生素C的含量都会明显下降；存储5个月后，只有绿茶中能检测到维生素C的存在。因此，根据维生素容易被氧化的特性，和绿茶相比，红茶尤其是存储时间很长的红茶中还原性维生素的含量会明显减少。需要说明的是，虽然茶色素及其混合物对多种癌症细胞具有抑制作用，但是其半数抑制浓度均非常高，一般正常喝茶的量达不到如此高浓度值。

茶叶中的茶多糖具有抗氧化、抗肿瘤、抗疲劳、调节免疫以及降血糖血脂血压等功效。

茶叶中含有大量的咖啡因。咖啡因具有神经兴奋作用，能提高思维敏捷度、治疗高血压、头痛和神经衰弱等。

林乾良等总结了中国传统文献中涉及的茶叶的功效至少有24种，高树慧将其总结归纳为下气消食、清利头目、清化痰浊等功效。陈宗懋总结现代茶叶具有预防衰老、明目利尿和抗癌等13种药用价值。综合来看，茶叶不是药，其对人体作用仅仅是一般的"食疗"功效。例如虽然有报道称茶叶在体外实验和动物实验中有抗癌等药用价值，但是没有足够的证据证明一般饮茶也能达到这些作用。因此我们要科学认识茶叶的功效，诸如"茶为万病之药""绿茶性寒，红茶性温""茶叶解毒"和"服药不解毒"等不符合科学的保健知识不应该被听信和迷信。

需要特别说明的是，茶叶中含有的维生素A、D、E、K等脂溶性维生素在正常泡茶时并不能溶解在水中。因此此类营养物质如不把茶叶吃下去则很难被吸收。如果将茶叶做成各种食品，则茶叶中的营养物质或许能充分发挥其功效。

3. 茶叶的农药残留问题

茶树喜阴湿和生长在亚热带气候，这些特点导致其在早春发芽阶段非常容易受到害虫的侵袭。因此茶树在种植和生长过程中不可避免的需要喷洒农药进行治虫。由此引起的茶叶中农药残留问题需要大家重视。我国国家标准《食品中农药残留最大限量》（GB 2763—2016）规定了48项在茶叶中农药残留的限量标准。虽然和日本（276种）以及欧盟（437项）等西方国家相比，我国国家标准还存在一定的差距，但是和之前的《食品中农药残留最大限量》（GB 2763—2014）相比，新增了20项农药限量要求。相信不久的将来，我国的茶叶中农药限量标准会更加细化和全面。

我国农业部每年对茶叶质量安全进行2次例行检查，重点对春茶和秋茶进行农药残留监控。2016年、2017年和2018年的监控数据表明，市场上茶叶农药残留合格率分别达到97.6%、99.4%和98.9%。因此，我国茶叶质量安全是有保障的。

符合我国标准生产的各类茶叶都可以安全泡饮。

参考文献

［1］林乾良，陈小忆. 中国茶疗［M］. 中国中医药出版社，2012.

［2］高树慧. 茶叶药用的文献研究［D］. 山东中医药大学硕士毕业论文，2015.

［3］陈宗懋. 中国茶经［M］. 上海文化出版社，2011.

［4］奚茜. 茶性、茶效与茶用的文献研究［D］. 北京中医药大学硕士毕业论文，2017.

［5］林勇，黄建安，王坤波，等. 茶叶的抗过敏功效与机理［J］. 中国茶叶，2019，3，1～6.

［6］高飞虎，李雪，张雪梅，等. 茶叶的主要功效及在食品中的应用研究进展［J］. 南方农业，2018，12（28），38～40.

［7］刘增辉，曹殷慧，徐燕，等. 四种茶饮料中茶多酚、游离氨基酸及维生素C含量分析及稳定性评价［J/OL］. 食品工业科技，http://kns.cnki.net/kcms/detail/11.1759.TS.20190529.1407.026.html.

［8］江和源. 茶叶对口腔疾病的预防功效与机理［J］. 中国茶叶，2019，4，1～5.

［9］李勤，黄建安，傅冬和，等. 茶叶减肥及对人体代谢综合征的预防功效［J］. 中

国茶叶，2019，5，7～13.

　　［10］江和源. 茶叶降血糖活性及对糖尿病的功效与机理［J］. 中国茶叶，2019，41
（2），1～6.

　　［11］江和源. 茶叶的抗癌功效与机理［J］. 中国茶叶，2018，12，1～6.

　　［12］刘莉. 浅谈茶叶主要功效成分及其生物活性［J］. 南方农业，2018，12（24），
132～141.

　　［13］杨光. "你喝的不是茶，而是毒药"纯属谣言　还茶叶质量安全真相!［J］. 农
药市场信息，2018，7，16.

　　［14］施江，张盛，陈爱陶，等. 茶叶预防心血管疾病的功效及机理［J］. 中国茶叶，
2019，6，6～11.

　　［15］马春霞. 茶叶中的化学成分［J］. 农村经济与科技，2017，28（14），43～45.

　　［16］胡付照，陈正行，李鹤，等. 茶叶中农药残留标准及检测方法研究进展［J］. 食
品与生物技术学报，2018，37（10），1009～1014.

补铁剂

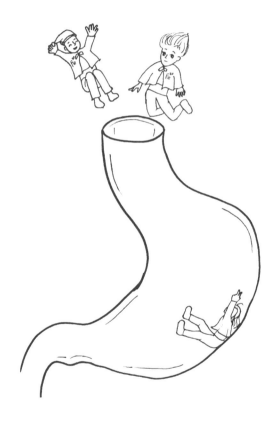

　　铁是人体中重要的微量元素，人体中全部铁含量的2/3存在于血红蛋白中。铁元素参与人体重要的氧代谢、能量代谢、线粒

体内电子转移和造血作用等多种生命活动。人体每天耗损的铁的量非常少。因此有效和有限吸收外部铁源和有效重复利用内部铁源就可以补充每天流失的铁。缺铁容易导致贫血从而诱发凹甲、普卢默－文森综合征、帕金森综合征和阿尔茨海默病。由于人体每天损耗的铁的量非常少，正常合理的饮食即能够补充每日必需的铁元素。贫血症或其他遵医嘱需要补铁治疗时，补铁剂则能发挥其必要的作用。

1. 膳食铁的摄取

食物中存在有机铁（血红素铁）和无机铁（非血红素铁）。存在于肉类、家禽和海鲜等食物中的动物血红蛋白中的二价铁（有机铁）在小肠中很容易被吸收和利用。存在于红茶、可可、谷类和干果等植物性食物中的铁主要是三价铁离子（无机铁），在十二指肠中三价铁离子被十二指肠细胞色素b还原成二价铁后能够被小肠吸收。由于铁在空气存在下主要以三价铁离子形式存在，因此无机铁主要是三价铁。有机铁比无机铁更容易被小肠吸收。同时三价铁对肠道的刺激性比二价铁大，常见的补铁剂都是二价铁制品。

对于容易患缺铁性贫血的人群可以通过长期食用含铁丰富的食物进行预防。动物内脏、猪血和猪肉是富含铁的一类食物，其中动物肝脏中的含铁量最高。富铁酱油是按照国家标准添加铁元素的酱油，家庭合理选择富铁酱油可以有效达到补铁的效果且不会出现铁过量问题。对于常听到的菠菜补铁的问题，各种研究表明，菠菜中铁的含量在各类蔬菜中并不算很多（小于芹菜、紫菜、香菜等蔬菜）。另外铁锅在炒菜时铁元素的迁移量也非常小，因此菠菜和铁锅能够补铁在一定程度上讲是不科学的。

总之，确诊的缺铁性贫血的人群很难通过饮食达到治疗效果。

2．口服补铁剂

由于二价铁比三价铁容易吸收，因此常见的补铁剂为硫酸亚铁、富马酸亚铁和葡萄糖酸亚铁等各种亚铁盐。为了增加亚铁离子的吸收，一些补铁剂常采用可溶性有机小分子络合的技术。例如乙二胺四乙酸铁钠和次氮基三乙酸螯合铁等都属于这类补铁剂。虽然十二指肠能够将三价铁转化为容易吸收的二价铁，但是为了便于肠胃吸收和减轻对肠胃的刺激，在口服补铁剂时往往配合服用还原性的维生素C以防止补铁剂中二价铁被空气氧化为三价铁。

虽然目前市场上已经出现了新型的大分子复合补铁剂和纳米材料补铁剂，但是对于补铁本身，正常情况下只要摄入一定量的铁元素就可以达到补铁的效果。因此硫酸亚铁是性价比最高的补铁剂，在肠胃功能较差和容易受到补铁剂刺激的情况下应遵医嘱合理更换药物。

参考文献

［1］毛宇，陈博，顾宁. 口服补铁剂的研发现状与发展趋势［J］. 药学研究，2017，36（11），621～626.

［2］林羽，舒绪刚，付志欢. 浅析食品及饲料中各类补铁剂［J］. 粮食与饲料工业，2018，7，49～53.

第七节

补钙剂

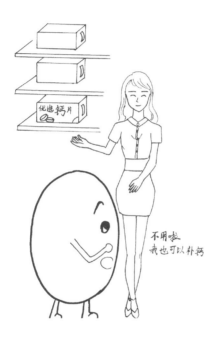

不用啦
我也可以补钙

　　钙是人体中含量最多的矿物元素，成年人身体中钙元素占体重的1.5%～2%。99.7%的钙元素存在于人体的骨骼和牙齿中。身体内的维生素D_3、甲状旁腺激素、降钙素、雌激素和睾丸酮等激素联合调节作用维持人体的血钙水平。钙除了是人体中骨骼和牙齿的重要组成成分之外，还在神经冲动传递、白细胞吞噬、人体凝血、组织细胞渗透压、体液的移动和储留、酶的激活和酶的合成等方面都起到关键性作用。身体每天都会通过汗液和尿液排出一定量的钙，因此我们每天都需要通过饮食补充一定量的钙以维持体内的钙平衡。

1．钙的吸收过程

理论上，食物中的钙都是以钙离子形式存在的。肠道细胞膜的双分子结构导致钙离子扩散到细胞内比较困难，在维生素D作用下钙结合蛋白和钙离子络合有助于钙离子向肠道细胞的扩散。

在正常饮食下，钙离子即可满足人体的需要，但是在小肠处钙结合蛋白分泌不足时则会影响钙的吸收。维生素D是形成钙结合蛋白的主要物质。因此补钙应该酌情考虑增加维生素D的摄入量。维生素D是一种油溶性维生素，在海鱼、动物肝脏、蛋黄、奶油和鱼肝油中含量较高，脂溶性维生素在脂肪中较为容易溶解，因此食物中油脂含量较低时会影响此类维生素的吸收。

2．钙对人体的作用

研究表明，在青少年发育时期，钙的摄入量和成年后骨峰值呈相关性。青少年发育期钙摄入不足时，会导致骨峰值期骨质量累积的降低，进而增加老年期间骨质疏松和骨折的风险。正常情况下，女性在18岁、男性在20岁时骨量增大到最大值，此后10到20年骨量变化不大。中年开始，每年大约流失0.5%~1%的骨量。钙的足量摄入有助于获得最佳骨密度峰值并降低老年后患骨质疏松症的风险。因此合理补钙非常关键。

3．补钙剂

钙制剂是预防骨质疏松的主要补钙剂，截至2013年，我国批准的钙制剂生产批文已经超过1000张，包括碳酸钙、醋酸钙、葡萄糖酸钙和乳酸钙在内的钙盐都可以制成各种补钙剂。

本质上人体补钙是吸收二价钙离子。因此理论上与钙离子相对应的阴离子和补钙无关。但是研究表明，人体对不同钙盐中钙的吸收率为碳酸钙39%、乳酸钙32%、醋酸钙32%、柠檬酸钙30%、葡萄糖酸钙27%。这主要是因为碳酸钙在进入胃部后和胃酸反应生成溶解度较好的氯化钙，而其他的有机钙盐在胃酸中的溶解度都比氯化钙小。因此在不考虑氯化钙对肠胃的刺激作用下，补钙最好的物质是碳酸钙。碳酸钙是大理石等物质的最主要组成成分，鸡蛋壳中含量最高的盐也是碳酸钙。理论上鸡蛋壳是一种无毒廉价的优质补钙剂。

钙的吸收离不开维生素D，除了饮食能够补充维生素D之外，适当的日光浴能够促进人体合成维生素D。因此适量的含钙和含维生素D食物以及适当的日光浴能保证人体每日的钙需求。

参考文献

[1]刘禹含，邹磊，冀红芹，等. 钙在猪不同肠段吸收的研究进展［J］. 饲料研究，2013，7，60～65.

[2]刘珉. 探讨钙对人体内的作用以及吸收机理［J］. 中国冶金工业医学杂志，2011，28（1），115～116.

[3]何晓琥. 天天补钙为什么孩子还缺钙?［J］. 中国社区医师，2007，23（19），48.

[4]袁兴宇. 脱酰胺葵花籽肽、花生肽钙结合特征及其促进钙吸收的生物学功效［D］. 内蒙古农业大学硕士毕业论文，2018.

[5]杨卫红，周建烈. 补充钙和维生素D预防骨质疏松性骨折疗效述评［J］. 中国骨质疏松杂志，2008，14（11），797～802.

[6]鲍秀兰. 补钙和补维生素D，千万别搞错［N］. 中国教育早报，2016，1，24.

[7]蔡德山. 补钙剂枝繁叶茂［N］. 医药经济报，2013，7，3.